広津千尋 著

分散分析を超えて

実データに挑む

統計学One Point 20

共立出版

「統計学 One Point」刊行にあたって

まず述べねばならないのは，著名な先人たちが編纂された共立出版の『数学ワンポイント双書』が本シリーズのベースにあり，編集委員の多くがこの書物のお世話になった世代ということである．この『数学ワンポイント双書』は数学を理解する上で，学生が理解困難と思われる急所を理解するために編纂された秀作本である．

現在，統計学は，経済学，数学，工学，医学，薬学，生物学，心理学，商学など，幅広い分野で活用されており，その基本となる考え方・方法論が様々な分野に散逸する結果となっている．統計学は，それぞれの分野で必要に応じて発展すればよいという考え方もある．しかしながら統計を専門とする学科が分散している状況の我が国においては，統計学の個々の要素を構成する考え方や手法を，網羅的に取り上げる本シリーズは，統計学の発展に大きく寄与できると確信するものである．さらに今日，ビッグデータや生産の効率化，人工知能，IoT など，統計学をそれらの分析ツールとして活用すべしという要求が高まっており，時代の要請も機が熟したと考えられる．

本シリーズでは，難解な部分を解説することも考えているが，主として個々の手法を紹介し，大学で統計学を履修している学生の副読本，あるいは大学院生の専門家への橋渡し，また統計学に興味を持っている研究者・技術者の統計的手法の習得を目標として，様々な用途に活用していただくことを期待している．

本シリーズを進めるにあたり，それぞれの分野において第一線で研究されている経験豊かな先生方に執筆をお願いした．素晴らしい原稿を執筆していただいた著者に感謝申し上げたい．また各巻のテーマの検討，著者への執筆依頼，原稿の閲読を担っていただいた編集委員の方々のご努力に感謝の意を表するものである．

編集委員会を代表して　鎌倉稔成

まえがき

統計解析では，回帰分析を始めとして厳密にモデルを立て，それを規定するパラメータに関する推論を行うことが多い．そうすることによって曖昧さを省き，明快な解析の筋道が立てられるからであろう．しかしそれに対しては，自分の問題にはそんな仮定は当てはまらないと，初めから懐疑的になってしまう人も多いだろう．たとえば，広い範囲で直線回帰が当てはまる応用問題などありえないし，そもそも興味があるのは説明変数の増大に応じて応答変数が増加傾向にあるとか，それが説明変数のどのあたりで顕著になるのかといった事柄であることも多い．つまり知りたいことと，手に入る統計モデル，あるいは解析ソフトの間に大きな乖離があることはしばしばある．

これに対し，単調性だけを仮定する単調回帰は応用上魅力的であるが，Bartholomew が一連の論文で数学的に面白く，難しい問題として展開してしまったために今一つ馴染みが薄く，応用の広がりが見られない．その問題について本書では，最適性の議論から導かれる累積和を基にする方法を展開している．累積和に基づく方法は極めて簡便で分布論も容易であるために，1 元配置，2 元配置，分割表，交互作用解析など様々に応用が広がる上，最適性の議論から出発しているため統計的性質が良い．この方法はさらに凸性 (convex) や S 字性 (sigmoid) のような形状制約に系統的に拡張でき，応用対象がますます広がる．面白いことにこれらの形状制約にはそれぞれ興味ある変化点モデルが対応し，形状特性のとくに強まる点が示唆されることも応用上極めて有益である．品質管理における累積和管理図や，品質工学で有名な田口玄一氏の累積法は累積和に基づく方法の先駆けであるが，本書ではその最適性を明らかにするとともに様々な拡張が行われている．

本書のもう一つの特徴は交互作用解析である．交互作用とは，狭義には2元配置分散分析モデルにおける2因子間の相互作用を指すが，実は分割表の関連度分析，正準相関分析，コレスポンデンスアナリシスなど多くの興味ある統計解析は広い意味での交互作用解析である．たとえば回帰分析も，応答変数が順位や順序分類である場合は，まさに説明変数との間の交互作用解析と見なされる．このように交互作用解析はデータ解析の中心課題であるにも関わらず，世の中で不当に軽く扱われているように思われる．1元配置モデルでは，多重比較法や単調性解析など多様な手法が提案されているのに対し，交互作用解析は総括的な F 検定や χ^2 検定に留まっていることが多い．交互作用は一般に自由度も大きいので，総括検定では結局データの詳細は分からずじまいとなる．何故，交互作用解析の研究が立ち遅れているのかは不可思議ですらある．おそらく，分散分析の初期のテキストにおいてなされた，繰返しのない2元配置では交互作用は解析できないとか，交互作用が検出された場合はセル平均で母平均を推定するといった誤った解説が訂正されないままに来ているのではないかと思われる．本書では，世の中の通念には囚われず，実問題の目的に応じて様々な交互作用解析法を開発し応用する．交互作用に関連しては，分散分析モデルにおける制約式の問題点も露わになる．制約式についてはいまだに学会誌や，多くの成書が無頓着であったり，さらには誤った記述さえ見られるというはなはだ残念な情況にある．線形推測論の基本にも関わることなので，整理しておきたい．

累積和や交互作用解析の面白い応用例については，すでに広津(2018)においていろいろ紹介しているが，本書ではその理論的背景についてもう少し詳しく説明したい．実例のみを対象とすることは継承するが，章立てはより構成的に，2標本問題，1元配置，2元配置，経時測定データ，分割表の順とする．1標本問題は，2標本問題におけるいわゆる対応のある t 検定（1.2.1項）が，実質1標本問題として処理されるのでそこで説明する．分割表（離散データ）について総括検定に留まらず，通常計量値で行われている要因分析を導入する方針も引き継いでいる．全体として単なる手法の羅列ではなく，実問題に対処するアプローチの提示を目指している．よくある，手法ありきで分かりやすい例題を付すという形式ではなく，本書の場合はまず興味ある問題があって，それを統計的アプローチで解決するという姿勢を貫いている．現場では既存の手法にデータを合わせるのではなく，先に解決したい実問題があって適切な手法を探すという当たり前のことに対応するためである．そのため，従来の数理統計書に慣れた読者には最初違和感があるかも知れないが，読み進めば応用統計書本来の道筋を辿っていることが理解されることと思う．

類書にある説明はなるべく簡略化し類書にないトピックスによりページを割く，というよりむしろ多くが新規なアプローチの提案である．興味ある実問題があって，それに答える適切な方法がないときに手法の開発から始めるということを貫いた所産といえるかもしれない．開発した手法は計算アルゴリズムにも興味のあるものが多く，今後の発展のためにできるだけその説明も加えた．しかし，その多くはすぐ使える計算プログラムとして提供しているので，実務的な応用に主たる興味がある場合にはアルゴリズムは読み飛ばしても一向に差し支えない．その方がむしろ，実問題に対処するアプローチが話としてスムースにつながるかもしれない．なお，開発したアルゴリズムを具体的な計算プログラムに仕上げる際には研究室の若手や，外部の多くの研究仲間の助けを借りていることを記して謝辞に替えたい．とくに鶴田陽和氏には本書に合わせて AANOVA programs library (`http://chirotsu01.d.dooo.jp`) の整備をお願いしている．

竹内啓先生には学生時代から今日に至るまで，様々に議論をしていただいた．そもそも本書執筆を強く勧めて下さったのも先生であり，心から謝辞を申し述べたい．最後に鎌倉稔成委員長を始めとする編集委員の方々に大変お世話になった．不注意なミスが減り少しでも読みやすくなったとすればそのおかげであり，感謝申し上げたい．

2021 年 12 月

広津千尋

目　　次

第1章

2標本問題

単純繰返し測定データに基づく1標本推測や，二つの処理を比較する2標本問題はどの初等的テキストでも扱われているので省くことも考えられた．しかしながら2標本問題は後の章で考える，より複雑な比較問題の言わば原型に当たるのと，非劣性検証（1.4節）のようにユニークな問題も存在するので，ここで少しページを割いておくのもよいかも知れない．

1.1　正規分布モデル

1.1.1　平均の差に関する検定

2標本問題では，2通りの処理平均 μ_1, μ_2 を比較するのにそれぞれ n_1 および n_2 回ずつ測定することとし，全体 $n = n_1 + n_2$ 回の実験を順序を完全無作為化して行う．表1.1は競合する A, B 2社の食品の重要特性である密度を，$n_1 = n_2 = 10$ 個のサンプルについて完全無作為な順序で測定した結果である．密度は高い方が望ましい．各社のデータを y_{ij}, $i = 1, 2,\ j = 1, \cdots, n_i$, と表し，その総計，および二乗和を最後の2列に与えてある．

さて，この実験を計画，実施したのは A 社の品質に脅威を感じた B 社であり，もし自社平均 μ_2 が A 社の平均 μ_1 に劣るようであれば早急に改善のアクションを取らねばならない．そこで興味があるのは，帰無仮説

表 1.1 食品密度（森口（編），1989）

会社	食品密度										$\sum_j y_{ij}$	$\sum_j y_{ij}^2$
$A(i=1)$	9.1	8.1	9.1	9.0	7.8	9.4	8.2	9.1	8.2	9.3	87.3	765.21
$B(i=2)$	8.2	8.6	7.8	7.6	8.4	8.6	8.0	8.1	8.8	8.0	82.1	675.37

$$H_0 : \mu_1 - \mu_2 = 0$$

を，右片側対立仮説

$$H_1 : \mu_1 - \mu_2 > 0$$

に対して検定することである．仮説 H_1 は自社製品が劣っていることを数理的に表現したものである．なお，小さい方 $(\mu_1 - \mu_2 < 0)$ への乖離だけに興味がある場合は左片側対立仮説，とくにそのような方向性がない場合には両側対立仮説が設定される．

ここでデータ y_{ij} は互いに独立に正規分布 $N(\mu_i, \sigma^2)$, $i = 1, 2$, に従うと仮定しよう．正規性，および等分散性の仮定の妥当性については補足 1.2, 1.3, および 1.8 で述べる．この仮定の下で μ_i の最良（最小分散不偏）推定量は $\bar{y}_{i\cdot}$，その分散は σ^2/n_i, $i = 1, 2$, である．ドット $(\cdot)$ は置き換えられた添え字に関する和，バー $(^-)$ は算術平均を表す記号として本書を通して用いる．母平均の差 $\mu_1 - \mu_2$ の最良推定量は $\bar{y}_{1\cdot} - \bar{y}_{2\cdot}$ で，その分散は $(n_1^{-1} + n_2^{-1})\sigma^2$ である．したがって $\bar{y}_{1\cdot} - \bar{y}_{2\cdot}$ を標準偏差で規準化した統計量

$$u = \frac{\bar{y}_{1\cdot} - \bar{y}_{2\cdot}}{\sqrt{(n_1^{-1} + n_2^{-1})\sigma^2}} \tag{1.1}$$

は帰無仮説の下で標準正規分布に従う．規準化については補足 1.1 で説明する．以上から対立仮説 H_1 に対する有意水準 α の一様最強力検定の棄却域

$$R : u > z_\alpha$$

が得られる．ただし，R は Rejection のイニシャルであり，z_α は標準正

規分布の上側 α 点である．一様とは右片側対立仮説 H_1 の範囲内で $\mu_1 - \mu_2$ の特定の値によらないという意味である．有意水準 α はこの検定方式で帰無仮説 H_0 が真であるのに，誤って帰無仮説からの乖離 H_1 が有意であると判断する確率の上限を表している．あるいは，帰無仮説が正しいのに誤って有意差ありと判断する危険率と言ってもよい．有意水準としては通常 0.05 が採られるが，0.01 を採ることもあり，これらの有意点を超えればそれぞれ有意，あるいは高度に有意であるとして H_0 を棄却する．実験で得られた母平均の差の推定値が，H_0 を受け容れるには大き過ぎると言うわけである．なお，検定統計量の実現値の右肩に *，あるいは ** を付けてこれらの有意性を表示する習慣があり，本書もそれに従う．

ところで，式 (1.1) の u は分散 σ^2 を含んでいる．σ^2 は従来からの知見で既知と仮定できる場合もあるが，むしろ未知の場合の方が多い．その場合はそれを最良推定量

$$\hat{\sigma}^2 = \frac{S_1 + S_2}{n - 2} \tag{1.2}$$

で置き換えた

$$t = \frac{\bar{y}_{1\cdot} - \bar{y}_{2\cdot}}{\sqrt{(n_1^{-1} + n_2^{-1})\hat{\sigma}^2}} \tag{1.3}$$

を検定統計量とする．平方和 S_i は

$$S_i = \sum_{j=1}^{n_i} (y_{ij} - \bar{y}_{i\cdot})^2, \qquad i = 1, 2,$$

で定義される．データの独立性，および正規性の仮定の下で S_i は自由度 $n_i - 1$ の χ^2 の定数倍 $\sigma^2\chi^2_{n_i-1}$ の分布に従い，$S_1 + S_2$ は χ^2 分布の加成性により $\sigma^2\chi^2_{n-2}$ の分布に従う．また，後述するように平方和 S_i は平均 $\bar{y}_{i\cdot}$ とは互いに独立である．χ^2 分布や自由度の初等的，かつ詳しい説明はたとえば広津 (2018) を参照して欲しい．平方和 S_i を自由度 $n_i - 1$ で除した平均平方 $S_i/(n_i - 1)$ は 1 標本のそれぞれで σ^2 の最小分散不偏推定量であり，それを併合した $\hat{\sigma}^2$ (1.2) は 2 標本における σ^2 の最小分散不偏推定量である．このように平方和を自由度で除して得た分散の不偏推定量は

不偏分散と呼ばれる．式 (1.3) は，$\hat{\sigma}^2$ が $\sigma^2\chi^2_{n-2}/(n-2)$ に等しいので，

$$t = \frac{u}{\sqrt{\chi^2_{n-2}/(n-2)}}$$

と表せる．この式は帰無仮説 H_0 の下で標準正規変数 u をそれと独立な (χ^2/自由度) の平方根で除した形式となっており，その分布は自由度 $n-2$ の t 分布として知られている．ここで u と S_i の独立性を示すのにはいろいろな方法があるが，y_{ij} が正規分布に従うので，次のように S_i の成分 $y_{ij} - \bar{y}_{i\cdot}$ と $\bar{y}_{i\cdot}$ の共分散が 0 であることを示すのが一番簡単である．ただし，式中の Cov および V はそれぞれ共分散および分散を表す記号として本書を通して用いる．

$$Cov(\bar{y}_{i\cdot}, y_{ij} - \bar{y}_{i\cdot}) = Cov(\bar{y}_{i\cdot}, y_{ij}) - V(\bar{y}_{i\cdot}) = \frac{\sigma^2}{n_i} - \frac{\sigma^2}{n_i} = 0$$

そこで，改めて対立仮説 H_1 に対する有意水準 α の検定の棄却域

$$R : t > t_{n-2}(\alpha) \tag{1.4}$$

が得られる．ただし，$t_\nu(\alpha)$ は自由度 ν の t 分布の上側 α 点である．この検定は t 検定と呼ばれ，帰無仮説 H_0 に対する一様最強力相似検定である．奇妙なネーミングであるが，撹乱母数 σ^2 に依存しない検定の中で検出力が最も高いことを意味し，相似は similar の和訳である．

一方，観測された t 値以上の値を取る確率を帰無仮説の下での分布で計算し，それが設定した有意水準 α 以下のとき有意と宣言するのもまったく同じ検定方式を与える．何故なら，上側の確率が α より小さいということは，得られた t 値が $t_{n-2}(\alpha)$ より大きいことを意味するからである．今後，帰無仮説の下で観測された統計値以上の確率を有意確率，あるいは p 値と呼ぶことにする．p 値が小さいということは帰無仮説の下では生じにくいことが実際に起こっていることを示唆する．もちろん左片側検定，両側検定の場合はそれぞれ対応する領域の確率とする．

【例題 1.1】　表 1.1 のデータに基づき，B 社の立場で t 検定を行う

表 1.1 の集計から

$$\bar{y}_{1\cdot} - \bar{y}_{2\cdot} = \frac{87.3}{10} - \frac{82.1}{10} = 0.52$$

がただちに得られる．平方和 S_i の計算は同値な式

$$S_i = \sum_{j=1}^{n_i} (y_{ij} - \bar{y}_{i\cdot})^2 = \sum_{j=1}^{n_i} y_{ij}^2 - \frac{y_{i\cdot}^2}{n_i}$$

の後者により，

$$S_1 = 765.21 - \frac{87.3^2}{10} = 3.081,$$
$$S_2 = 675.37 - \frac{82.1^2}{10} = 1.329$$

と得られる．不偏分散は

$$\hat{\sigma}^2 = \frac{S_1 + S_2}{n-2} = \frac{3.081 + 1.329}{10 + 10 - 2} = 0.245$$

である．これから検定統計量

$$t = \frac{0.52}{\sqrt{(10^{-1} + 10^{-1}) \times 0.245}} = 2.35^{*}$$

が得られ，これは $t_{18}(0.05) = 1.734$ より大きいので，平均が等しいという帰無仮説 H_0 は有意水準 0.05 で棄却され，B 社製品の劣っていることが示唆される．

この場合 p 値は自由度 18 の t 統計量を t_{18} と表して，$p = \Pr(t_{18} \geq 2.35) = 0.015$ と得られる．$\Pr(\cdot)$ は事象 $\cdot$ の確率を表す．この値は確かに有意水準 0.05 で有意である．棄却域による検定は棄却点を超えるか否かの 0，1 判定であるのに対し，有意確率を直接計算する方式は情報量が多く勧められる．なお昔は，上側確率点は数値表を参照し，有意確率の計算は自分でプログラムを書く必要があったが，今は Casio の keisan (`https://keisan.casio.jp/`) が上側確率点や p 値を瞬時に教えてくれるので，検定統計量 (1.3) さえ計算すれば容易に t 検定が実行できる．

補足 1.1 規準化

統計量の規準化とは，確率変数 y からその期待値 μ を引いて，標準偏差 σ で割る操作を言う．期待値を引いているので，規準化変数 $(y-\mu)/\sigma$ の期待値は 0 である．期待値が 0 なのだから，分散の計算は単に二乗して期待値を取ればよい．すると，分子は分散となり，分母は標準偏差の二乗でやはり分散だから相殺して 1 となる．つまり規準化後は平均 0，分散 1 の変数ができる．とくに式 (1.1) のように正規分布に従う変数の場合，規準化後は標準正規分布 $N(0,1)$ に従う．

補足 1.2 正規性の仮定について

t 検定の分布論はデータの正規性の仮定に基づいており，事前に正規性の検定を勧めているテキストも多い．しかしながら，歪みが大きい，あるいは極端に裾が重いということがなければ，独立な 10 個程度のデータの平均は中心極限定理により正規分布で十分近似できる（広津 (2018) 参照）．そもそもデータが厳密に正規分布に従うはずはなく，チェックすべきは正規性というより，t 検定の妥当性である．そこでむしろ，正規確率プロットなどで歪みや裾の重さを視覚的にチェックするくらいが妥当と言える．

今，データ $y_1,\ldots,y_n$ を大きさの順に並べ直したものを，$y_{(1)} \le y_{(2)} \le \cdots \le y_{(n)}$ と置く．この $y_{(i)}$ で順序統計量を表す記法は本書を通して用いる．このとき，もしデータが正規分布に従うなら $y_{(i)}$ はほぼ正規分布の i/n 分位点（それ以下の累積確率が i/n となる点）に対応するはずである．とくに $(y_{(i)}-\mu)/\sigma$ と変形した量は，標準正規分布の i/n 分位点に対応することになる．そこで標準正規分布の分布関数を $\Phi(u)$ と表すと，

$$\Phi\left\{\frac{y_{(i)}-\mu}{\sigma}\right\} \fallingdotseq \frac{i}{n} \Leftrightarrow \Phi^{-1}\left(\frac{i}{n}\right) \fallingdotseq \frac{y_{(i)}-\mu}{\sigma}$$

となって，i/n 分位点と $y_{(i)}$ の間にほぼ直線関係が成り立つことになる．逆関数 $\Phi^{-1}(i/n)$ が i/n 分位点を表すからである．市販の正規確率紙（日本規格協会）は縦軸の目盛 $100i/n$ の位置が $\Phi^{-1}(i/n)$ に対応するように切られているので，横軸に順序データを対応させ，$(y_{(i)}, 100i/n)$ というプロットを行うと，正規分布に従うデータならほぼ直線上に点が並ぶ．

以上は基本原理の説明であるが，実際にはいくつかの改良版が提案され，使われている．次の例題 1.2 ではそのうちの一つである $(y_{(i)}, 100(i-1/2)/n)$ をプロットする方法を採用している．いずれにせよ，視覚で概形を確認する手法なのでここではその議論に深入りしない．

表 1.2 呼吸器感染症患者 23 人の s-GPT 値

順序データ		平均順位 i'	相対累積度数
(1) 生データ	(2) 対数変換値		$100(i'-1/2)/23$
5	0.699	1	2.17
6×2	0.778×2	2.5	8.70
7×3	0.845×3	5	19.57
8	0.903	7	28.26
10×4	1.000×4	9.5	39.13
11	1.041	12	50.00
12×2	1.079×2	13.5	56.52
13×3	1.114×3	16	67.39
15	1.176	18	76.09
18	1.255	19	80.43
19	1.279	20	84.78
20	1.301	21	89.13
22	1.342	22	93.48
33	1.519	23	97.83

【例題 1.2】 正規確率プロット

表 1.2 のデータは呼吸器感染症患者 23 名の s-GPT 値とその対数変換値である．このような臨床検査値や歯の萌出年齢など，生物の成長に関わるデータは対数正規 (log normal) 分布に従うことが多い（増山，1977）．そこで表 1.2 の生データ，および対数変換値それぞれに対して $\{y_{(i)}, 100(i-1/2)/n\}$ をプロットした結果は図 1.1 のようになる．なお，タイ（同順位）に対しては，順位 i の代わりに平均順位 i' を用いるという便法を用いている．生データは大きく湾曲し，下方で詰まり上方で伸びた分布をしている．これは下方が 0 で切られ，上方ではときに正規分布の規準では外れ値と見なされるような大きな値が生じる，生物データによく見られる傾向である．これに対し，対数変換値はほぼ直線上に乗っている．

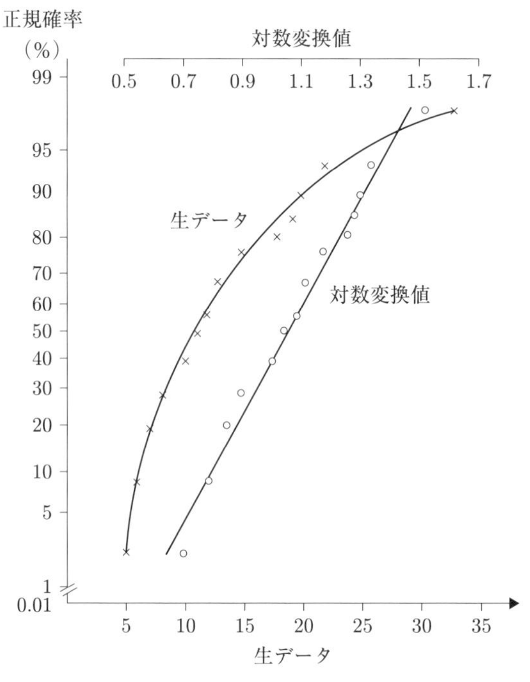

図 1.1　s-GPT 値正規確率プロット

補足 1.3　非正規性への対処

臨床検査値や生物の成長に関わるデータなど，正値のみを取り右に大きく歪んで log normal が正当化されるデータでは，対数変換後に正規分布に基づく手法を適用すればよい．それ以外では 1.3.1 項で述べる並べ替え検定や順位和検定などのノンパラメトリックな手法を用いることもできる．しかしそこで述べるように，t 検定自身漸近的に並べ替え検定に一致するので，t 検定の有意水準は正規性からのずれに対し概ね正く保たれていることが多い (criterion robust)．むしろ，裾の重さ，歪みや非独立性の方が有意確率や検出力へ大きく影響する．

補足 1.4　有意水準 0.05 または 0.01 について

ここで有意性判定の規準となる 0.05 または 0.01 はフィッシャー以来伝統的に用いられている数値であり，その根拠を厳密に説明するのは難しい．しかし統計的品質管理や，比較臨床試験分野で長年意思決定に用いられ，ある程度のコンセンサスが得られている．また，現場はその意味するところを経験的に感得している．あえて卑近な例を挙げるとして，二人の囲碁の好敵手

A, B を考えよう．今，A が 2，3 回続けて負けたとしても，1 目置くことには同意しないだろう．5 番負けが続くとしぶしぶ同意する人も出そうだが，実力が等しいときに 5 番負けが続く確率が $1/2^5 = 0.031$ で，水準 0.05 で有意である．最初に負けたところから始めるのは公平でないと主張するなら，もう 1 回様子を見るのもよいだろう．これで有意水準 0.01〜0.05 の感覚が得られれば幸いである．

ちなみに工場で品質管理の道具として用いられる管理図において，中心線の片側に連続 7 点続いた場合にそれらが管理限界線を越えているか否かに関わらず，7 点連と称し工程を停めて点検することになっている．これは上下に外れる可能性を考えているので，もし上に外れることだけが問題なら，上側 6 点連でアクションを取ることになる．

補足 1.5　両側検定と片側検定

統計学のテキストでは一般に両側検定と片側検定の説明がなされ，事前に選択することが必要とされている．この選択は初学者を悩ませる問題の一つである．しかしながらこの問題は本質的ではなく，出来栄えに応じて決定を選択する多重決定方式（1.4 節）によって解消できる．これについては例題 1.1 を再解析した例題 1.11 を参照して欲しい．

補足 1.6　相似検定

本節の設定では推論の主対象である平均 μ の他に，未知パラメータ σ^2 が存在する．σ^2 は直接推論の対象ではないが，μ の推論に大きな影響を与える．たとえば，式 (1.1) は σ^2 を含み，そのままでは推論に使えない．この例における σ^2 のようなパラメータを攪乱母数と呼び，攪乱母数に依存しない検定法を工夫する必要がある．そこで行われるのが，攪乱母数に対する十分統計量による条件付推測である．この条件付けにより攪乱母数が消去され，攪乱母数によらず帰無仮説の下で帰無仮説を棄却する確率（検定のサイズ）が常に所与の有意水準 α に保たれる検定が構成され，それを相似検定と呼ぶ．相似検定は後の章でもしばしば登場する．本節の例では $S_1 + S_2$ が攪乱母数 σ^2 に対する十分統計量である．相似検定，十分統計量，条件付推測の詳しい説明は広津 (1982) の第 10 章（付録）を参照されたい．

補足 1.7　p 値論争

2019 年 6 月 20 日の朝日新聞科学欄に，「‘統計的有意’ は誤解の温床」とか，「‘やめるべき考え方’ に研究者 800 人賛同」というような見出しが踊った．*Nature* の statistically significant, non-significant に関する記事 (Amrhein et al., 2019) を紹介したものだが，極めて誤解を招きやすい表現になっている．実は ASA(American Statistical Association) も，2016 年に p 値に関する同様の Comment を出し，さらに 2019 年にふたたび特集を組んでいる (Wasserstein and Lazar, 2016; Wasserstein et al., 2019).

検定 p 値の解釈には言うまでもなく，それを得た試験の例数，信頼性，再現性をきちんと評価すること，有意とされている効果の大きさを評価すること，さらに類似の他試験との整合性を議論することが必須だが，いつの間にか新薬許認可に絡む統計的評価に関連して，p 値だけが金科玉条のように独り歩きするケースが生じているのも事実である．心理学系の Journal で有意性検定や，p 値の記載を制限するところも出現しことは深刻であるが，おそらく，新しい発見を主張するのに過度に p 値を重んじてきたことへの批判と反省が根底にあるのだろう．批判すべきは表層的な p 値のみによる二者択一的な有意性議論なのだが，それを統計的検定不要論のように過度に喧伝する向きがあるのは残念である．誤用が問題であるのに，「統計的有意性」そのものが怪しい基準と受け取られるようでは困る．それを突き進めると検定の反転から得られる信頼区間や，統計推測そのものまで否定されかねず，実際，そのような極論もときに見られる．一面だけを取り上げた派手な宣伝文句に踊らされることなく，ぜひ *Nature* や ASA の原典にも当たり，自分の考えを持って欲しい．なお，母平均の差が同じでも，データ数大なら p 値はいくらでも小さくなり，データ数小なら p 値は大きくなる．つまり，p 値は必ずしも差の大きさを反映しない．検定有意で終わらず，差の信頼区間を構成して効果の大きさを把握することは必ず行わなければならない．p 値は独り立ちできるほど偉くないのである．なお，信頼区間については 1.1.2 項で述べる．

実は日本では 1980 年代に新薬と対照薬の比較臨床試験において，検定が有意でないときに同等と見なすいわゆる NS 同等 (Non-significance equivalence) がまかり通っていた．検定の構成の仕方から言って，有意であることは意味をなすが，有意でないことは積極的な意味を持たない．たとえば，NS 同等は例数を減らせば何の苦もなく達成できてしまう．これについては，1.4 節の非劣性検証で詳しく述べる．

補足 1.8　等分散性の仮定について

本節の平均の差の検定では，分散に違いはないといういわゆる等分散性の仮定を置いている．このことは近似的に満たされていることが多いが，事前に等分散性の検定を行い，場合によっては不等分散を考慮した Welch の検定を勧めているテキストもある．しかしながら，不等分散を認めるということはすでに 2 母集団の違いを認めており，その上で正規分布を仮定して平均の差を検定する意義があるかは疑わしい．もちろん，さらに平均の差が検出されることもあるが，その場合はそもそも母分布が log normal であることが多い．したがって，非正規分布では平均，分散に関わらず，両者を総合して統計的大小を問う方向に視点を転ずる方がよいように思う．なお，品質管理では平均の調整はむしろ容易で，主特性である分散を小さくしたいということも多い．そこで，分散の検定についても 1.1.3 項で述べておく．平均，分散の同時検定については 1.3.3 項で述べる．なお，1.3.1 項で明らかになるように t 検定は漸近的にノンパラメトリックな並べ替え検定に一致し，正規性や等分散性からの乖離に対して頑健（ロバスト）な手法である．そこで，本書では Welch の検定には深入りしない．

1.1.2　平均の差の信頼区間

前節で述べたように母平均の差 $\mu_1 - \mu_2$ の最良推定量は $\bar{y}_{1\cdot} - \bar{y}_{2\cdot}$ で，その分散は $(n_1^{-1} + n_2^{-1})\sigma^2$ である．例数（サンプルサイズ）を大きくすれば分散が小さくなり，この推定量はいくらでも真値 $\mu_1 - \mu_2$ に近づく．このように，ただ 1 個の値 $\bar{y}_{1\cdot} - \bar{y}_{2\cdot}$ によって未知パラメータを推定する方式を点推定と言う．一方，未知パラメータをある高い確率で含む区間を指定する方式があり，区間推定と呼ばれる．さて，とりあえず等分散性を仮定し，σ^2 は既知としよう．期待値と標準偏差で規準化した統計量

$$u = \{(\bar{y}_{1\cdot} - \bar{y}_{2\cdot}) - (\mu_1 - \mu_2)\}/\sqrt{(n_1^{-1} + n_2^{-1})\sigma^2}$$

は標準正規分布に従う．式 (1.1) の u は帰無仮説の下だったので，この式で $\mu_1 - \mu_2 = 0$ としたものに等しい．そこで，標準正規分布の上側確率 α 点 z_α を用いて，

$$\Pr(|u| \le z_{\alpha/2}) = \Pr\left[\left|\frac{(\bar{y}_{1\cdot} - \bar{y}_{2\cdot}) - (\mu_1 - \mu_2)}{\sqrt{(n_1^{-1} + n_2^{-1})\sigma^2}}\right| \le z_{\alpha/2}\right] = 1 - \alpha$$

が成立する．何故なら u が $\pm z_{\alpha/2}$ の外側にある確率が $\alpha/2 + \alpha/2 = \alpha$ だからである．これを $\mu_1 - \mu_2$ の範囲として表すと，

$$\Pr\left\{\bar{y}_{1\cdot} - \bar{y}_{2\cdot} - z_{\alpha/2} \times \sqrt{(n_1^{-1} + n_2^{-1})\sigma^2} \le \mu_1 - \mu_2 \le \bar{y}_{1\cdot} - \bar{y}_{2\cdot} + z_{\alpha/2} \times \sqrt{(n_1^{-1} + n_2^{-1})\sigma^2}\right\} = 1 - \alpha$$

が成立する．このようにして構成した $\mu_1 - \mu_2$ の範囲

$$\bar{y}_{1\cdot} - \bar{y}_{2\cdot} - z_{\alpha/2} \times \sqrt{(n_1^{-1} + n_2^{-1})\sigma^2} \le \mu_1 - \mu_2 \le \bar{y}_{1\cdot} - \bar{y}_{2\cdot} + z_{\alpha/2} \times \sqrt{(n_1^{-1} + n_2^{-1})\sigma^2}$$

を信頼率（あるいは信頼係数）$1 - \alpha$ の信頼区間と言う．不等式の上限，下限は信頼上限，信頼下限と呼ぶ．この場合の α は危険率とも呼ばれ，検定同様0.05，または0.01が用いられる他，0.10が用いられることもある．$\mu_1 - \mu_2$ の信頼区間を簡単のために

$$\mu_1 - \mu_2 \sim \bar{y}_{1\cdot} - \bar{y}_{2\cdot} \pm z_{\alpha/2} \times \sqrt{(n_1^{-1} + n_2^{-1})\sigma^2} \tag{1.5}$$

と略記することもある．

信頼区間については，つい，「$\mu_1 - \mu_2$ が信頼区間に含まれる確率が $1 - \alpha$」と言いたくなるが，それは正しくない．あくまで $\mu_1 - \mu_2$ は未知定数で，信頼区間あるいは信頼上下限が $\bar{y}_{1\cdot}$ および $\bar{y}_{2\cdot}$ の関数として変動する確率変数なので，「信頼区間が μ を含む確率が $1 - \alpha$」と表現しないといけないのである．その意味合いは，実験を繰り返し，このような信頼区間を100回構成すれば，それらの信頼区間のうち $100(1 - \alpha)$ 回は真値 $\mu_1 - \mu_2$ を含むことが期待されるということである．たとえば，$\alpha = 0.05$ なら100回このような信頼区間を構成すれば，95回は真値を含む信頼区間となっているという意味合いである．データと整合する，あるいは矛盾しない平均の差の範囲と言ってもよい．

なお，特性値が安全性を表す場合には上側はいくら大きくても構わないので，信頼下限だけを求める．逆にリスクの場合は下側に興味はなく，信頼上限だけが問題とされる．これらは片側信頼区間と呼ばれ，それぞれ式(1.5)の下限，上限において $z_{\alpha/2}$ を z_α に置き換えた式で求められる．片側だけを議論するために両側信頼区間に比べて，下限，上限の精度を高め

ることができる．この場合も 1.4 節の多重決定方式を用いれば，片側・両側に関わらず総合的な推論が可能である．

ところで，信頼区間 (1.5) は分散 σ^2 を含んでいる．通常 σ^2 は未知なので，式 (1.2) の不偏分散を代入し，u (1.1) の代わりに式 (1.3) の t 統計量を用いる．上側確率点も t 分布で置き換えて

$$\mu_1 - \mu_2 \sim \bar{y}_{1\cdot} - \bar{y}_{2\cdot} \pm t_{n-2}(\alpha/2) \times \sqrt{(n_1^{-1} + n_2^{-1})\hat{\sigma}^2} \tag{1.6}$$

が信頼率 $1-\alpha$ の信頼区間を与える．

【例題 1.3】　表 1.1 のデータに対し，*B* 社の立場で区間推定を行う

検定の結果，すでに $\mu_1 - \mu_2 > 0$ は認めているので，どのくらいの劣勢を覚悟せねばならないかの推定と思えばよい．答えは，式 (1.6) の片側だけを有意水準 α で用いて

$$\mu_1 - \mu_2 \leq \bar{y}_{1\cdot} - \bar{y}_{2\cdot} + t_{n-2}(\alpha) \times \sqrt{(n_1^{-1} + n_2^{-1})\hat{\sigma}^2}$$

とすればよい．すでに得られている数値と $t_{18}(0.05) = 1.734$ から，信頼率 0.95 の片側信頼上限は

$$\begin{aligned}\mu_1 - \mu_2 &\leq 0.52 + 1.734 \times \sqrt{(10^{-1} + 10^{-1}) \times 0.245} \\ &= 0.52 + 0.38 = 0.90\end{aligned}$$

となる．つまり，*B* 社から見て，密度が 0.90 くらいまで劣っている可能性が否定できない．このデータは 1.4 節の例題 1.11 において，より簡明な方法で再解析される．ぜひ，本項の解析法と見比べて欲しい．

次に，検定と信頼区間の関係を述べておこう．実はたった今述べた信頼区間は検定を兼ねている．引き続き 1.1.1 項の正規分布モデルの設定で考えるが，帰無仮説をやや一般化して

$$H_0' : \mu_1 - \mu_2 = \delta$$

とする．ただし，δ は与えられた定数である．対立仮説は帰無仮説の否定（両側対立仮説）

$$H_1' : \mu_1 - \mu_2 \neq \delta$$

としよう．このとき，帰無仮説からの隔たりを表す統計量は，ごく自然に $|\bar{y}_{1\cdot} - \bar{y}_{2\cdot} - \delta|$ でよいと考えられる．そこで，とりあえず分散 σ^2 を既知として $u = (\bar{y}_{1\cdot} - \bar{y}_{2\cdot} - \delta)/\sqrt{(n_1^{-1} + n_2^{-1})\sigma^2}$ と規準化した統計量は，帰無仮説 H_0' の下で標準正規分布に従う．有意水準 α の検定方式は

$$|\bar{y}_{1\cdot} - \bar{y}_{2\cdot} - \delta|/\sqrt{(n_1^{-1} + n_2^{-1})\sigma^2} > z_{\alpha/2} \tag{1.7}$$

のとき，帰無仮説を棄却する．この棄却域 (1.7) を反転した $|\bar{y}_{1\cdot} - \bar{y}_{2\cdot} - \delta|/\sqrt{(n_1^{-1} + n_2^{-1})\sigma^2} \leq z_{\alpha/2}$ を δ について解くと

$$\bar{y}_{1\cdot} - \bar{y}_{2\cdot} - z_{\alpha/2} \times \sqrt{(n_1^{-1} + n_2^{-1})\sigma^2} \leq \delta$$
$$\leq \bar{y}_{1\cdot} - \bar{y}_{2\cdot} + z_{\alpha/2} \times \sqrt{(n_1^{-1} + n_2^{-1})\sigma^2}$$

が得られる．この式は，この範囲にある δ は有意水準 α の検定で棄却されないことを意味するが，よく見ると何とこれは式 (1.5) の信頼区間と同じである．つまり，$\delta = \mu_1 - \mu_2$ の信頼率 $1 - \alpha$ の信頼区間とは，有意水準 α の検定で棄却されない δ を集めたものに他ならない．このことはとくに検定方式など持ち出さなくても，信頼率 $1 - \alpha$ の信頼区間を構成し，帰無仮説で設定した $\delta = \mu_1 - \mu_2$ がそこに含まれなければ帰無仮説を棄却し，含まれれば棄却しないとすればまったく同じ推測ができることを意味している．むしろ，検定による採否の二者択一方式より，信頼区間を構成する方が標準的な方法として勧められる．

なお，とくに正規分布の場合，確率変数がある1点を取る確率は0なので，厳密な不等号と等号入りで表される内容は変わらない．本書では棄却域は厳密な不等号，それを反転した信頼区間には等号を付すという慣習に従っている．最後に，片側信頼下限は右片側検定から，片側信頼上限は左片側検定の反転から得られるが，片側・両側に関わらず1.4節の信頼領域を用いる方が簡明である．

このアイディアは分散未知の場合でも同じことだし，さらに，正規分布以外のケースで信頼区間を求める際にはとくに有用である．たとえば，総

数 n，事象の発生確率 p の 2 項分布 $B(n,p)$ の下で，実現した事象発生数が 0 のときに p の信頼区間を構成するという取り付く島もないような問題に対して，正確な信頼率 $1-\alpha$ の信頼区間を構成することができる．広津 (2018) の第 6 章に，米国産牛輸入再開に当たって BSE のリスク回避のための月齢推定問題で，現実に $n = 237$，注目リスクの事象数発生数 $y = 0$ から，リスクに対する信頼率 0.99 の信頼上限 0.01925 を得た事例が詳しく紹介されている．

1.4 節では非劣性検証に関連して，式 (1.5)，(1.6) の拡張である信頼領域が紹介される．新たに多重決定方式によって構成されているが，検定の反転から導くという意味で本質的に同じ考えに基づいている．

1.1.3 分散の比較

品質管理においては平均の調節はむしろ容易で，ばらつきを抑え込むのが主たる目的となる場合がある．そこで本項では分散の推測問題を考える．1.1.1 項の延長で考えればよいが，2 母集団で分散が異なることを想定し，データ y_{ij} は互いに独立に正規分布 $N(\mu_i, \sigma_i^2)$, $i = 1, 2$, に従うと仮定する．平均 μ_i が等しいことを仮定する必要はなく，それぞれを $\bar{y}_{i\cdot}$ で推定する．この場合は μ_i が攪乱母数で，$\bar{y}_{i\cdot}$ がそれに対する十分統計量である．本項の帰無仮説は等分散

$$K_0 : \sigma_1^2 = \sigma_2^2$$

とし，両側対立仮説

$$K_1 : \sigma_1^2 \neq \sigma_2^2$$

を想定する．この検定は, 分散 σ_i^2 に対する不偏分散 $\hat{\sigma}_i^2 = S_i/(n_i - 1)$ の比

$$F = \frac{\hat{\sigma}_1^2}{\hat{\sigma}_2^2} \tag{1.8}$$

に基づいて行う．1.1.1 項で述べたように，平方和 S_i は $\sigma_i^2\chi_{n_i-1}^2$ に従うので，$\hat{\sigma}_i^2/\sigma_i^2$ は $\chi_{n_i-1}^2/(n_i-1)$ の分布に従う．帰無仮説の下では σ_1^2 と σ_2^2

が等しいために相殺し，検定統計量 F は

$$F_{n_1-1,n_2-1} = \frac{\chi^2_{n_1-1}/(n_1-1)}{\chi^2_{n_2-1}/(n_2-1)} \tag{1.9}$$

の形式となる．また，二つの χ^2 は独立な母集団由来なので互いに独立である．この分布は自由度 (n_1-1, n_2-1) の F 分布として知られている．そこで F 分布の確率点を用いて，

$$\text{棄却域 } R_2: \ F > F_{n_1-1,n_2-1}(\alpha/2) \ \text{または} \ F < F_{n_1-1,n_2-1}(1-\alpha/2) \tag{1.10}$$

が得られる．式 (1.10) の第1式は $\sigma_1^2 > \sigma_2^2$ を意味し，第2式は $\sigma_2^2 > \sigma_1^2$ を意味する．なお，$F_{n_1-1,n_2-1}(1-\alpha/2) = F^{-1}_{n_2-1,n_1-1}(\alpha/2)$ が成立するので，F 分布表は上側確率 0.5 以下についてのみ構成されている．つまり，上側確率 α が 0.5 より大きい場合は，自由度を交換して $1-\alpha$ に対応する確率点を求めればよいということだが，今は keisan なども利用できるのであまり気にする必要はない．

次に，分散比 $\gamma = \sigma_1^2/\sigma_2^2$ の信頼率 $1-\alpha$ の信頼区間を構成するには次のように考える．この場合は式 (1.8) の F に替えて $(\hat{\sigma}_1^2/\sigma_1^2)/(\hat{\sigma}_2^2/\sigma_2^2) = (\sigma_2^2/\sigma_1^2)F = F/\gamma$ が F 分布に従う統計量 F_{n_1-1,n_2-1} (1.9) になる．したがって，

$$\Pr\{F_{n_1-1,n_2-1}(1-\alpha/2) \le \frac{F}{\gamma} \le F_{n_1-1,n_2-1}(\alpha/2)\} = 1-\alpha$$

が成立する．この式を γ について解き，分散比の信頼区間

$$\frac{F}{F_{n_1-1,n_2-1}(\alpha/2)} \le \gamma \le F \times F_{n_2-1,n_1-1}(\alpha/2) \tag{1.11}$$

が得られる．なお，この信頼区間を構成し，帰無仮説 K_0 で設定した γ の値が式 (1.11) の範囲外の場合に K_0 を棄却する方式が有意水準 α の検定方式と一致することは，平均の場合と同様である．

次に，帰無仮説 K_0 を右片側対立仮説

$$K_2: \sigma_1^2 > \sigma_2^2$$

に対して検定する問題を考える．この場合，棄却域は式 (1.10) の第 1 式から

$$R_2 : F > F_{n_1-1,n_2-1}(\alpha)$$

となるが，危険率 α を右側だけに割り振っていることに注意する．そのため棄却限界値が引き下げられ，検出力は両側検定より高くなる．左片側対立仮説

$$K_3 : \sigma_1^2 < \sigma_2^2$$

はこれと対称に考えて，

$$R_3 : F^{-1} > F_{n_2-1,n_1-1}(\alpha) \Leftrightarrow F < F_{n_1-1,n_2-1}(1-\alpha)$$

と得られる．

分散比 $\gamma = \sigma_1^2/\sigma_2^2$ の片側信頼下限，上限は信頼区間 (1.11) の左辺，および右辺で $\alpha/2$ を α に置き換えることによって得られる．

【例題 1.4】　表 1.1 の例で等分散性の検定を行う

表 1.1 の例では市場が大きいので，分散も重要な特性である．分散についてはとくに指向性のない両側検定を行うことにする．

例題 1.1 で得られている平均平方から不偏分散 $\hat{\sigma}_1^2 = 3.081/9 = 0.3423$, $\hat{\sigma}_2^2 = 1.329/9 = 0.1477$ がただちに得られる．そこで式 (1.8) は $F = 0.3423/0.1477 = 2.32$ と得られる．この値は $F_{9,9}(0.05/2) = 4.03$ と比較して有意ではない．分散が異なるという明確なエヴィデンスはないということになる．したがって，等分散性の検定はここで終わってもよいが，練習のために分散比 $\gamma = \sigma_1^2/\sigma_2^2$ について信頼率 0.95 の信頼区間を構成しておこう．式 (1.11) を用いて

$$\frac{2.32}{4.03} = 0.576 \leq \gamma \leq 9.35 = 2.32 \times 4.03$$

が得られる．この信頼区間は確かに帰無仮説の値 $\gamma = 1$ を含んでいる．

表 1.3 コレステロール治療前後の計測値（広津，2004）

患者 j	治療前値 $(i=1)$	治療後値 $(i=2)$	差 x_j	平均
1	333	338	−5	335.5
2	240	229	11	234.5
3	364	305	59	334.5
4	337	301	36	319.0
5	326	279	47	302.5
6	279	239	40	259.0
7	188	210	−22	199.0
8	371	339	32	355.0
9	273	242	31	257.5
10	231	245	−14	238.0
合計	2942	2727	215	
二乗和	899546	762883	11397	
平方和	34009.6	19230.1	6774.5	

1.2 ブロック実験に基づく対応のあるデータ

1.2.1 正規分布に関する対応のある t 検定

表 1.3 のデータは 10 名の患者に対する治療前後のコレステロール計測値である．データ y_{ij} は互いに独立に正規分布 $N(\mu_i, \sigma^2)$, $i = 1, 2$, に従うと仮定する．このデータは一見先の表 1.1 と同様で，治療前後の平均を比べる 2 標本問題として処理すればよいように思える．そこでまずそれを試みよう．興味があるのは，帰無仮説

$$H_0 : \mu_1 - \mu_2 = 0$$

を治療効果ありとする右片側対立仮説

$$H_1 : \mu_1 - \mu_2 > 0$$

に対して検定することである．例題 1.1 にならって，次のように計算を行う．表 1.3 に与えられている集計から

$$\bar{y}_{1\cdot} - \bar{y}_{2\cdot} = \frac{2942}{10} - \frac{2727}{10} = 21.5$$

がただちに得られる．平方和 S_i の計算は

$$S_1 = 899546 - \frac{2942^2}{10} = 34009.6, \quad S_2 = 762883 - \frac{2727^2}{10} = 19230.1$$

となる．不偏分散は

$$\hat{\sigma}^2 = \frac{S_1 + S_2}{n_1 + n_2 - 2} = \frac{53239.7}{10 + 10 - 2} = 2957.76 \tag{1.12}$$

である．これから t 統計量 (1.3),

$$t = \frac{21.5}{\sqrt{(10^{-1} + 10^{-1}) \times 2957.76}} = 0.884$$

が得られ，これは $t_{18}(0.05) = 1.734$ より小さく，前後の平均に変化がないという帰無仮説は有意水準 0.05 で棄却されない．

さて，この解析に問題はなさそうだが，実はあることに注目すると改善が可能である．そもそも検定は，注目する平均の差がデータのばらつきの範囲を超えて大きいか否かを評価している．そして今行った検定では，データのばらつきが大きいため，有意な結果にはならなかった．しかしそれは，測定誤差のばらつきというよりむしろ，患者間のコレステロール値の変動の大きさによっていると思われる．実際，治療前後のそれぞれで計測値の範囲は 183 および 129 であり，差の範囲 81 よりはるかに大きい．そこで，各人ごとの対のデータの差を解析することにより，患者間コレステロール値変動を除去した解析ができる．このような対のデータでは 2 群の例数が等しいので，改めてそれを $n_1 = n_2 = m$ と置く．この例では $m = 10$ である．今，

$$x_j = y_{1j} - y_{2j}, \qquad j = 1, \ldots, 10,$$

と置くと，新しい変数 x_j は正規分布 $N(\mu', \sigma'^2)$ に従う．ただし，$\mu' = \mu_1 - \mu_2$, $\sigma'^2 = 2\sigma^2$ である．これで問題はデータ x_j, $j = 1, \ldots, 10$, に基づいて

$$\text{帰無仮説 } H_0 : \mu' = 0$$

を検定する1標本問題に帰着された．データ x_j は表1.3の第4列に与えてある．その列の合計，二乗和，および平方和はもちろん x_j に対する値である．平均 μ' の最良推定量は $\bar{x}. = 21.5$ で，規準化変数は $(\bar{x}. - \mu')/\sqrt{\sigma'^2/10}$ である．帰無仮説の下では $\mu' = 0$ なので，$21.5/\sqrt{\sigma'^2/10}$ が標準正規分布に従う変数の実現値と見なされる．ここで，σ'^2 を不偏分散 $\hat{\sigma}'^2 = S_x/(m-1) = 6774.5/9 = 752.72$ で置き換えて，最終的に自由度9の t 統計量

$$t = \frac{21.5}{\sqrt{752.72/10}} = 2.478^*$$

が得られる．この t 分布としての p 値は0.0175なので，この解析によると帰無仮説は有意水準0.05で有意という結果になる．

それでは2通りの解析の違いはどこから来たのだろうか．まず，2標本問題で用いられた平方和は

$$S_1 + S_2 = \sum_{i=1}^{2}\left(\sum_{j=1}^{m} y_{ij}^2 - \frac{y_{i\cdot}^2}{m}\right) = \frac{S_x}{2} + S_B, \tag{1.13}$$

と分解できる．このうち

$$S_x = \sum_{j=1}^{m}(x_j - \bar{x}.)^2 = \sum_{j=1}^{m}\{y_{2j} - y_{1j} - (\bar{y}_{2\cdot} - \bar{y}_{1\cdot})\}^2$$

はたった今用いた対応のある t 検定の平方和に他ならず，自由度は9である．式(1.13)右辺の係数1/2は x_j の分散が $2\sigma^2$ であるのに対し，y_{ij} の分散が σ^2 だからである．一方，

$$S_B = 2\sum_{j=1}^{m}(\bar{y}_{\cdot j} - \bar{y}_{\cdot\cdot})^2$$

は明らかに各人のコレステロール平均値の変動を表している．

ここで，治療前後の平均値を表す μ_i に，各人のコレステロール平均値 β_j を加えて

$$y_{ij} = \mu_i + \beta_j + e_{ij}, \qquad i = 1, 2, \ j = 1, \ldots, m \tag{1.14}$$

という統計モデルを考えよう．ただし，e_{ij} は期待値 0，分散 σ^2 で互いに独立な正規分布に従う測定誤差とする．このとき，S_x, S_B それぞれの期待値は

$$E(S_x/2) = (m-1)\sigma^2,$$
$$E(S_B) = 2\sum_j (\beta_j - \bar{\beta}.)^2 + (m-1)\sigma^2$$

と計算される．もし，β_j の変動がなければ，$S_x/2$ と S_B はともに期待値 $(m-1)\sigma^2$ となり，$\hat{\sigma}^2 = (S_1 + S_2)/\{(m-1)+(m-1)\}$ が正しく σ^2 の不偏推定量を与えるところであった．ところがこの例では β_j の変動が大きいため，式 (1.13) に基づく推定量 $\hat{\sigma}^2 = 2957.76$ (1.12) が σ^2 の過大評価になってしまったのである．それに対し，対の差を解析する方法では，$S_x/(m-1) = 752.72$ が正しく x_j の分散 $2\sigma^2$ の不偏推定量を与えている．これによる σ^2 の推定量はこの 1/2，すなわち 376.36 であり，式 (1.12) の推定値がいかに過大であるかを物語っている．式 (1.13) で対等であるはずの二つの成分が対等ではなかったのである．なお，1.1.1 項の解析の背景にある統計モデルは式 (1.14) で β_j を省いたものであり，それはまた，a 標本問題の式 (2.1) で $a = 2$ としたものに他ならない．本項の最初に行った解析ではモデルで無視された β_j が実は存在し，誤差の過大評価をもたらしたということである．一方，式 (1.14) は 2 元配置のモデル (3.2) で，$a = 2$，$b = 10$, 繰返し数 1，かつ交互作用 γ_{ij} のないモデルである．このモデルで解析すれば β_j の変動は別に取り出され，誤差評価に紛れ込むことはない．それと同じことを簡便に行ったのが，差 x_j を用いることにより β_j を除去した解析である．

さて，この場合，治療前後の数値を各人ごとに比較することにより，比較の精度を上げているが，同じようなことは稲品種比較の圃場実験でも起こる．作付けを行うプロットは場所によって肥沃度や日照が異なり，収率に大きく影響する．そこでたとえば 10 通りの品種を 5 回ずつ比較するの

に，全体を無作為割付するより，圃場を比較的均一な5ブロックに分割し，各ブロック内で10通りの品種を比較しそれを総合する方が精度の良い比較ができる．工場における製品特性の精密測定が温度，湿度の影響を受ける場合も，1日の中で一揃いの実験を完結し，それを繰り返す方が全体の無作為化より精度の良い処理比較につながる．これらの場合の被験者，均一な圃場区画，1日などをブロックと呼び，実験計画はブロック実験と呼ぶ．とくにブロックごとに処理の一揃いを無作為化し，それを繰り返す場合は乱塊法と呼ばれ，式(1.14)はその統計モデルである．パラメータ β_j がブロック効果の変動を表す．乱塊とは奇妙なネーミングであるが，塊ごとの無作為化を表している．処理数 a に対してブロックが十分大きく取れず，一揃いの実験を完結できない場合は不完備ブロック計画と呼ばれ，制約条件に応じて様々な実験計画が知られている．なお，表1.3は $a=2$ で完備型の場合である．

1.2.2 離散データに関する2項検定（McNemar検定）

ブロック実験は正規分布モデルに限らない．表1.4のデータは東京医科歯科大学の学生実習における，ある評価項目に対する2回の自己評価(96組）の結果であり，実習によって2回目に評価の向上が見られるかということに興味がある．

このデータも1回目と2回目の単なる2群比較ではなく，人をブロックと見なして，各人の評価の変化を解析すべきである．そうしないと各ケースの評価初期値の変動が誤差評価を過大にし，変化が検出されにくくなるからである．それには表1.5のようにまとめればよい．表1.5において対角は評価に変化なし，右上が向上，左下が悪化を表す．形式的には分割表だが，通常の適合度 χ^2 検定は対角要素（不変）が多いことを示唆するだけで，この場合意味をなさない（広津(2018)参照）．対称の位置，たとえば，$(2,3)$ と $(3,2)$ にある要素は2から3に向上，あるいは3から2に悪化した頻度を表し，前者が大きいことが望ましい．つまり，対角を挟む対称の位置において頻度に差があるか否かが興味の対象であり，手法としては対称性の検定が相応しい．しかもこの例では，評価カテゴリに自然な

表 1.4 2 回の評価生データ（東京医科歯科大学歯学部則武加奈子医師提供）

1 回目	3	3	3	3	3	3	3	3	3	3	2	3	2	2	3	3	3	3	3	3	4
2 回目	4	3	3	3	3	3	3	3	3	3	3	3	3	2	3	3	3	3	4	3	4
1 回目	3	3	3	3	2	4	2	3	3	4	2	3	3	2	2	3	2	3	3	3	2
2 回目	3	3	2	3	3	4	2	3	3	4	3	3	3	2	3	3	3	3	4	3	3
1 回目	3	3	3	3	3	2	2	2	3	2	3	3	3	2	3	2	3	2	2	3	3
2 回目	3	3	3	3	3	3	2	3	3	3	3	3	3	3	4	2	3	3	2	4	3
1 回目	3	3	2	4	3	3	3	3	2	3	2	2	3	3	3	3	2	3	2	3	3
2 回目	3	3	3	4	3	3	3	3	3	3	3	2	3	2	3	2	3	3	2	3	3
1 回目	3	2	3	4	2	3	4	2	3	3	3	3									
2 回目	4	3	3	4	3	3	4	2	3	3	4	3									

表 1.5 2 回の評価の集計表

	2 回目評価				
1 回目評価	1	2	3	4	計
1	0	0	0	0	0
2	0	9	18	0	27
3	0	3	53	7	63
4	0	0	0	6	6
計	0	12	71	13	96

順序がありそれを考慮した手法が望まれるが，残念ながらよく知られた手軽な手法はない．一つの方法は向上と悪化の 2 項分布と捉え，2 項検定を行うことである．つまり，向上と悪化の 2 値データに 2 項分布 $B(n,p)$ を仮定し，

$$\text{帰無仮説 } H_0 : p = \frac{1}{2} \tag{1.15}$$

を

$$\text{右片側対立仮説 } H_1 : p > \frac{1}{2} \tag{1.16}$$

に対して検定する．ただし向上の確率を p と表している．表 1.5 では評価 1 が存在しないので実質 3×3 分割表であるが，さらに 1 カテゴリ少ない

2×2 分割表の対称性検定としてよく知られている McNemar 検定は，まさにこの2項検定である．それでは例題1.5で2項検定を実施してみよう．2項分布の初等的な詳しい説明は広津 (2018) を参照されたい．

【例題 1.5】 評価向上，悪化の 2 項検定

表1.5により，向上25例，悪化3例である．そこで，向上が多いとする右片側検定 (1.16) を実行するには，帰無仮説 (1.15) の下で28例中向上が25例以上である確率を計算すればよい．すなわち，有意確率

$$\left\{\binom{28}{25}+\binom{28}{26}+\binom{28}{27}+\binom{28}{28}\right\}\times\left(\frac{1}{2}\right)^{28}=1.4\times10^{-5**}$$

が得られる．この式の手計算は大変であるが，プログラムを組むほどでもない．ここでは keisan を利用している．この結果は高度に有意であり，実習効果はあったと言える．このデータを単なる2群比較と捉えると元の評価値2,3,4のばらつきが誤差変動に混入して，比較の精度を落とすことになる．

1.3 ノンパラメトリックな方法

1.3.1 並べ替え検定

たとえば例題1.1において，A 社のデータと B 社のデータの大きさに差がないという帰無仮説

$$H_0 : \Pr(Y_1 \le y_0) = \Pr(Y_2 \le y_0) \tag{1.17}$$

を A 社のデータの方が B 社のデータより統計的に大きい (大きな値を取りやすい) とする対立仮説

$$H_1 : \Pr(Y_1 \le y_0) < \Pr(Y_2 \le y_0) \tag{1.18}$$

に対して検定することは，何も正規分布を仮定しなくても行える．ただし，$Y_i,\ i = 1, 2$ はそれぞれ A 社，B 社から無作為に抽出した1個の確率

変数を表す．式 (1.18) の不等式は一見逆に思えるかも知れないが，任意の値 y_0 に対する累積確率が常に A 社の方が小さいということが，A 社のデータが統計的に大きいということを意味する．一方，式 (1.17) は両社のデータの確率分布関数が等しいことを意味する．

今，A 社，B 社から無作為に抽出されたデータをそれぞれ $(y_{11}, \ldots, y_{1n_1})$，および $(y_{21}, \ldots, y_{2n_2})$ とする．このとき，特別な分布の仮定なしに，帰無仮説 H_0 を対立仮説 H_1 に対して次のように検定することが可能である．それには，第 1 標本のデータ $z = y_{11} + \cdots + y_{1n_1}$ を，A 社と B 社を併合した大きさ $n = n_1 + n_2$ の有限母集団

$$S = (y_{11}, \ldots, y_{1n_1}; y_{21}, \ldots, y_{2n_2}) \tag{1.19}$$

からの無作為標本と考えるのが自然かどうかを評価すればよい．たとえば実現した z が全標本中の大きい方から n_1 個で構成されているという極端な場合を考えるとイメージしやすいだろう．そのようなデータは S (1.19) からの無作為標本とは考えにくい．そこで有限母集団 S の n 個の要素をシャッフルして改めて取り出した n_1 個のデータの和 z の分布を考え，A 社の実現値 z 以上の値を取る確率（有意確率）を計算する．これにより S からの無作為標本として，実現値が大きい方に偏っているか否かを判定することができ，並べ替え検定と呼ばれている．n があまり大きくなければ，全部で $\binom{n}{n_1}$ の可能性の内，実現値以上の値を取る場合の数を数え上げ，有意確率を求めるのは程良い頭の体操であるが，今はソフトの発達のおかげでここでページを割いて説明する必要はなくなった．またこの例のように 1 群 10 例もあれば，正規近似が有効なのでここではそれについて述べておこう．

正規近似のためには無作為抽出したデータの期待値と分散を計算すればよいが，有限母集団のため 1 個抽出するごとに母集団が変化するので共分散が生じる．1 個無作為抽出したときの期待値，分散，および 2 個無作為抽出したときの共分散は式 (1.20) 以下のようになるが，式自身が計算過程を示しているので，くどい説明は不要だろう．あくまで合併した一つの母集団 S (1.19) からの無作為標本を考えている．共分散が負値を取る

のは，大きな標本を取り出せば残りは相対的に小さくなり，小さな標本を取り出せば残りは相対的に大きくなるという有限母集団ならではの特徴から来ている．なお，求めているのは有限母集団 (1.19) を固定したときの条件付分布の平均，分散なので，元の母集団の μ, σ^2 とは記号を変えて，μ', σ'^2 と表している．また確率変数を表すのに，データ y_{1j} に替えて大文字 Y_{1j} を用いている．

$$E(Y_{1j}) = \mu' = \frac{1}{n}(y_{11} + \cdots + y_{1n_1} + y_{21} + \cdots + y_{2n_2}), \tag{1.20}$$

$$\begin{aligned} V(Y_{1j}) = \sigma'^2 &= E(Y_{1j}^2) - \{E(Y_{1j})\}^2 \\ &= \frac{1}{n}(y_{11}^2 + \cdots + y_{1n_1}^2 + y_{21}^2 + \cdots + y_{2n_2}^2) - \mu'^2, \end{aligned} \tag{1.21}$$

$$\begin{aligned} &Cov(Y_{1j}, Y_{1k}) = E(Y_{1j} \cdot Y_{1k}) - E(Y_{1j}) \cdot E(Y_{1k}) \\ &= (y_{11}y_{12} + y_{11}y_{13} + \cdots + y_{2n_2-1}y_{2n_2}) \Bigg/ \binom{n}{2} - \mu'^2 \\ &= \left\{ \frac{(n\mu')^2 - (y_{11}^2 + \cdots + y_{1n_1}^2 + y_{21}^2 + \cdots + y_{2n_2}^2)}{2} - \binom{n}{2}\mu'^2 \right\} \Bigg/ \binom{n}{2} \\ &= \left\{ \frac{(n\mu')^2 - n(\sigma'^2 + \mu'^2)}{2} - \binom{n}{2}\mu'^2 \right\} \Bigg/ \binom{n}{2} \\ &= -\left(\frac{n\sigma'^2}{2}\right) \Bigg/ \binom{n}{2} = -\frac{\sigma'^2}{n-1} \end{aligned}$$

以上から，第1母集団の n_1 個の和 $z = \sum_j Y_{1j}$ の期待値と分散が次のように計算される．

$$E(z) = E\left(\sum Y_{1j}\right) = n_1\mu', \tag{1.22}$$

$$\begin{aligned} V(z) = V\left(\sum_j Y_{1j}\right) &= \sum_j V(Y_{1j}) + 2\sum_{j<k} Cov(Y_{1j}, Y_{1k}) \\ &= n_1\sigma'^2 + 2 \times \binom{n_1}{2} \times \left(-\frac{\sigma'^2}{n-1}\right) = \frac{n_1 n_2}{n-1}\sigma'^2 \end{aligned} \tag{1.23}$$

規準化により，帰無仮説 $H_0(1.17)$ の下で漸近的に標準正規分布に従う検定統計量が次のように得られる.

$$u = \frac{z - n_1\mu'}{\sqrt{n_1 n_2 \sigma'^2/(n-1)}} \tag{1.24}$$

これから，右片側対立仮説 $H_1(1.18)$ に対する，並べ替え検定による棄却域

$$u > z_\alpha \tag{1.25}$$

が得られる.

【例題 1.6】　例題 1.1 の続き

例題 1.1 で t 検定を適用したデータについて並べ替え検定を行ってみよう．式 (1.20) と (1.21) に表 1.1 のデータを代入して,

$$\mu' = \frac{87.3 + 82.1}{10 + 10} = 8.47$$

$$\sigma'^2 = \frac{765.21 + 675.37}{10 + 10} - 8.47^2 = 0.2881$$

が得られる．これから規準化統計量

$$u = \frac{z - n_1\mu'}{\sqrt{n_1 n_2 \sigma'^2/(n-1)}} = \frac{87.3 - 10 \times 8.47}{\sqrt{(10 \times 10 \times 0.2881/(20-1)}} = 2.11^*$$

が得られる．この右片側検定としての p 値を標準正規分布により求めると 0.017 と得られ，有意水準 0.05 で有意である.

例題 1.6 の p 値は例題 1.1 で得た t 検定の p 値 0.015 と驚く程近いが，それは偶然ではなく次のように説明できる．式 (1.24) の u は結局 t 検定を導いたときの平均 $\bar{y}_{1\cdot}, \bar{y}_{2\cdot}$ や平方和 S_1, S_2 の関数となっている．そのため，式 (1.3) の t と $u(1.24)$ の間に 1 対 1 関係が生じ，具体的に

$$t = \frac{u}{\sqrt{(n-1-u^2)/(n-2)}} \tag{1.26}$$

と表せる．t と u が単調な関係にあることも分かるので，本項の u による棄却域 $u > z_\alpha$ (1.25) は，式 (1.26) の u に z_α を代入することにより，t

表 1.6 t 検定と並べ替え検定の比較

1群の例数	5	10	15	20	25	∞
自由度	8	18	28	38	48	∞
$t_{n-2}(0.025)$	2.306	2.101	2.048	2.024	2.011	1.960
$u_{0.025}$	2.441	2.136	2.068	2.038	2.021	1.960
$t_{n-2}(0.05)$	1.860	1.734	1.701	1.686	1.677	1.645
$u_{0.05}$	1.855	1.729	1.698	1.683	1.675	1.645

統計量の棄却域として

$$t > \frac{z_\alpha}{\sqrt{(n-1-z_\alpha^2)/(n-2)}} \; (= u_\alpha と置く) \tag{1.27}$$

に相当する．ところが，本来の t 検定の棄却域 (1.4) の棄却限界 $t_{n-2}(\alpha)$ と棄却域 (1.27) の右辺 u_α は表 1.6 に示すように 1 群の例数 5 ～ 10 くらいでほぼ等しく，漸近的に一致する．つまり，t 検定は漸近的に並べ替え検定に一致し，正規性や等分散性からの乖離に対してロバスト（頑健）な手法であることが分かる．

1.3.2 Wilcoxon の順位和検定

Wilcoxon の順位和検定とはデータを順位に置き換えてから，並べ替え検定を行う方法である．実現値から成る有限母集団 S (1.19) のデータを大きさの順に並べ，それらを順位に置き換えて

$$S' = (r_{11}, \ldots, r_{1n_1}; r_{21}, \ldots, r_{2n_2})$$

とする．ここで r_{ij} は第 i 母集団の第 j 要素 y_{ij} が全体の母集団 (1.19) の中で獲得した順位である．第 1 母集団の n_1 個の順位和 $w = \sum r_{1j}$ の期待値と分散は前項と同じように計算されるが，もしタイ（同順位）が無ければ S' は $(1, 2, \ldots, n_1 + n_2)$ と同値になる．したがって数え上げの計算も正規近似もはるかに容易になる．たとえば期待値と分散は式 (1.20), (1.21) に対応して

$$\mu' = \frac{n+1}{2}$$
$$\sigma'^2 = \frac{(n+1)(n-1)}{12}$$

と得られる．そこで，第 1 母集団順位和 w の期待値と分散は，式 (1.22) および (1.23) に対応して

$$E(W) = E\left(\sum r_{1j}\right) = \frac{n_1(n+1)}{2} \tag{1.28}$$
$$V(W) = V\left(\sum r_{1j}\right) = \frac{n_1 n_2(n+1)}{12} \tag{1.29}$$

と得られる．結局，式 (1.24) に対応する規準化統計量は

$$u = \frac{w - n_1(n+1)/2}{\sqrt{n_1 n_2(n+1)/12}} \tag{1.30}$$

となる．この式の標準正規分布による近似は極めて良好である．

ところがこの方式を例題 1.5 に適用しようとすると，タイがあるために成功しない．タイは平均順位で置き換えるという便法により，期待値 (1.28) は正しく保たれるが，分散 (1.29) には修正が必要である．この場合はむしろ次節の順序分類データとして扱う方が適切である．順位を順序カテゴリと見て，表 1.7 と同じような頻度の集計表を作ればよいのである．

1.3.3 順序分類データ—タイの多い順位データの解析—

表 1.7 のデータは新薬第 Ⅲ 相比較臨床試験で典型的に見られる例である．この例では，Amoxicillin (AMPC) が対照薬 Cefaclor (S6472) に対し 2 重盲検無作為化試験で比較されている．2 重盲検とはいわゆるプラセボ効果を避けるために，医師と患者の双方がどちらの薬が処方されているか分からないようにして実施される試験を言う（広津，2018）．このデータはタイの多い順位データと見ることもできるが，最初から改善度の頻度データとして得られているために順序分類（あるいはカテゴリカル）データと呼ぶことが多い．数学的には二つの多項分布

表 1.7 抗生物質比較臨床試験（大泉他，1986，ただし原著より不明 2 例を除外）

	改善度 (j)				
薬剤 (i)	1. 無効	2. やや有効	3. 有効	4. 著効	計
1. AMPC	3	8	30	22	63
2. S6472	8	9	29	11	57
計	11	17	59	33	120

表 1.8 順序分類データの表現

	順序分類 (j)				
薬剤 (i)	1	2	$\cdots$	J	計
1	y_{11}	y_{12}	$\cdots$	y_{1J}	$n_1 = y_{1\cdot}$
2	y_{21}	y_{22}	$\cdots$	y_{2J}	$n_2 = y_{2\cdot}$
計	$C_1(= y_{\cdot 1})$	$C_2(= y_{\cdot 2})$	$\cdots$	$C_J(= y_{\cdot J})$	$n = y_{\cdot\cdot}$

$$M(n_i, \boldsymbol{p}_i), \qquad \boldsymbol{p}_i = (p_{i1}, \ldots, p_{iJ})', \ i = 1, 2 \tag{1.31}$$

の比較の問題であり，とくに

$$\frac{p_{11}}{p_{21}} \leq \frac{p_{12}}{p_{22}} \leq \cdots \leq \frac{p_{1J}}{p_{2J}} \tag{1.32}$$

という傾向性仮説に興味がある．表 1.7 の例では $J = 4$ である．式 (1.32) の不等号がすべて等号の場合は帰無仮説に当たり，二つの多項分布が等しいことを意味する．多項分布 $M(n_i, \boldsymbol{p}_i)$ は 1.2.2 項の最後に登場した 2 項分布の拡張であるが，初等的な説明は広津 (2018) に詳しい．式 (1.31) の $\boldsymbol{p}_i$ のようなボールドタイプの小文字アルファベットは列ベクトルを表し，プライム ($'$) はその転置を表す．後に出て来る行列は大文字ボールドタイプで表す．

さて，式 (1.32) は薬剤 1 は薬剤 2 に対して相対的に上位カテゴリの確率が高いことを意味する．すなわち，薬剤 1 の方が有効性に優れるという片側対立仮説を表すことになる．本項ではこのような傾向性仮説を検定するのに相応しい方法を 3 通り挙げる．以下では表 1.7 を一般的に表 1.8 のように表す．

(1) Wilcoxon の順位和検定（タイのある場合）

第 j カテゴリの C_j 個のアイテムの平均順位（スコア）は

$$\omega_j = C_1 + \cdots + C_{j-1} + \frac{C_j + 1}{2}, \qquad j = 1, \ldots, J \tag{1.33}$$

と表せる．これは第 $j-1$ カテゴリの最後のアイテムの順位が $C_1 + \cdots + C_{j-1}$ であることから理解されるだろう．なお，タイがない場合は $J = n_1 + n_2, C_1 = \cdots = C_J = 1$ となっている．第 j カテゴリの各薬剤の頻度は y_{ij} だから，それぞれ獲得した総順位は

$$W_i = \sum_{j=1}^{J} (\omega_j y_{ij}), \qquad i = 1, 2 \tag{1.34}$$

となる．W_i は前項の順位和に対応する．各薬剤の症例数に差があるから，平均順位 W_i/n_i の大小を比べることになる．この統計値を決めているのはスコア ω_j (1.33) とその獲得頻度 y_{ij} である．これを 1.3.1 項の並べ替え検定に当てはめてみると，C_1 個の ω_1, C_2 個の $\omega_2, \ldots, C_J$ 個の ω_J から成る有限母集団

$$S = (\omega_1, \ldots, \omega_1, \omega_2, \ldots, \omega_2, \ldots, \omega_J \ldots, \omega_J)$$

を想定し，S から無作為に抽出した n_1 個の標本和として W_1 が大きいか否かを評価することになる．ただ 1 個抽出した標本の期待値，分散は式 (1.20)，(1.21) に対応して

$$\mu_\omega = \frac{1}{n} \sum_j (\omega_j C_j) \tag{1.35}$$

$$\sigma_\omega^2 = \frac{1}{n} \left[\sum_j (\omega_j^2 C_j) - \frac{1}{n} \left\{ \sum_j (\omega_j C_j) \right\}^2 \right] \tag{1.36}$$

と得られる．ここで式 (1.35) および (1.36) では，あるスコアシステム $\boldsymbol{\omega}$ に依存するパラメータであることを表すために添え字 ω を付した．順位和 W_1 は 1.3.2 項の順位和 $w = \sum r_{1j}$ に対応し，それは 1.3.1 項の z に対

応するから，式 (1.22)，(1.23) に対応して

$$E(W_1) = n_1 \times \frac{1}{n}\sum_j(\omega_j C_j) \tag{1.37}$$

$$V(W_1) = \frac{n_1 n_2}{n-1}\sigma_\omega^2 \tag{1.38}$$

が得られる．これから漸近的に $N(0,1)$ に従う規準化統計量

$$\begin{aligned} W &= \left(\frac{n-1}{n_1 n_2 \sigma_\omega^2}\right)^{1/2}\left\{W_1 - \frac{n_1}{n}\sum_j(\omega_j C_j)\right\} \\ &= \left(\frac{n-1}{n}\right)^{1/2}\frac{1}{\sigma_\omega}\left(\frac{1}{n_1}+\frac{1}{n_2}\right)^{-1/2}\left(\frac{W_1}{n_1}-\frac{W_2}{n_2}\right) \end{aligned} \tag{1.39}$$

が得られる．式 (1.39) の最後の式はこの規準化が，二つの薬剤の平均獲得順位を比較するのと同値であることを示している．この式はタイがないとき，式 (1.30) と一致する．なお，式中の $n-1$ は n がある程度大きいとき，しばしば n と簡略化されるが，実際上，大きな問題はない．

【例題 1.7】 表 1.7 のデータに Wilcoxon の順位和検定を適用する

今日ではソフト発達のおかげで作表により計算手順を説明する必要性は減っているが，一度は作表により手順を確認するのも意味がある．しかし，それは一般の a 標本問題（第2章）の例題 2.2 に譲り，ここでは計算結果だけを示す．第1群の順位和は式 (1.34) より $W_1 = 4206$ である．一方，式 (1.37)，(1.38) から $E(W_1) = 3811.5$，$V(W_1) = 31023.93$ が容易に得られる．これから規準化統計量 $(4206 - 3811.5)/\sqrt{31023.93} = 2.24$ を得る．この上側確率は 0.0125，両側有意確率は 0.025 である．すなわち，有意水準 0.05 で新薬の優越性が言える．

(2) 最大 χ^2 法

表 1.7 のようなデータに対し，以前（1980 年代）日本で行われていたのは，表 1.9 のように切り直し，3 個（一般には $J-1$ 個）の 2×2 分割表の適合度 χ^2 のうち最大を，無邪気に自由度 1 の χ^2 分布で評価し優越

表 1.9 改善度カテゴリを可能な分点で切断し集計し直した 3 通りの表

	改善度 (j)						
薬剤 (i)	1	2〜4	1,2	3,4	1〜3	4	計
1	3	60	11	52	41	22	63
2	8	49	17	40	46	11	57
計	11	109	28	92	87	33	120
	⇓		⇓		⇓		
	$\chi_1^2 = 3.091$		$\chi_2^2 = 2.557$		$\chi_3^2 = 3.663$		

性を主張することだった．この例では

$$\chi_3^2 = \frac{120(41 \times 11 - 46 \times 22)^2}{63 \times 57 \times 87 \times 33} = 3.663 \tag{1.40}$$

が最大なので，これを自由度 1 の χ^2 で評価して，両側 p 値 0.056 を主張する次第である．たまたまこの例では有意にならなかったが，これが多大な偽陽性をもたらす多重推測であることは明らかである．当時は多重性の知識に乏しく，また多項分布の適切な解析法も今ほどよく知られていなかったため，つい手軽な 2×2 分割表の解析を利用してしまったという時代背景がある．

さて，$J-1$ 個の χ^2 の最大を検定統計量とする手法は直感的に受け容れやすく，正しく用いれば検出力の視点からも最適性を持っている．また，正確，簡便で効率の良い p 値計算アルゴリズムが提案できる上，後節で述べるように様々な拡張があり，実に興味ある統計手法である．そこでこれを最大 χ^2 法と呼び，以下で有意確率計算のアルゴリズムを説明する．その説明のために表 1.10 の補助表を準備する．

表 1.10 は j 番目の累積和 Y_{1j} を確率変数とする 2×2 分割表を表しているが，とくに周辺和を固定したときにすべてのセルを Y_{1j} で表現した形になっている．なお，累積和を表す大文字の Y_{1j} は，1.3.1 項の大文字で確率変数を表す用法とは異なっている．Y_{1j} を用いて検定統計量を構成する理論的正当性は 2.3.1 項 (1) で与えられる．本項は多項分布 (1.31) から出発しているが，統計推論は Y_{1j} の，周辺和を与えた条件付分布がベース

表 1.10 χ_j^2 の構造と有意確率計算の補助表

薬剤 (i)	順序分類 (j)		計
	$1,\ldots,j$	$j+1,\ldots,J$	
1	$Y_{1j}(=y_{11}+\cdots+y_{1j})$	n_1-Y_{1j}	$n_1=y_{1\cdot}$
2	$C_1+\cdots+C_j-Y_{1j}$	$n_2-(C_1+\cdots+C_j)+Y_{1j}$	$n_2=y_{2\cdot}$
計	$C_1+\cdots+C_j$	$n-(C_1+\cdots+C_j)$	$n=y_{\cdot\cdot}$

になる．具体的に，切り出した表 1.10 で累積和 Y_{1j} が，多項分布に関する同等性の帰無仮説の下で超幾何分布 $H(Y_{1j}|n_1,C_1+\cdots+C_j,n)$ に従う．広津 (2018) でも 2×2 分割表の適合度 χ^2 の自由度が 1 であることの説明のために，よく知られた公式 (1.40) に替えて，Y_{1j} を超幾何分布の期待値，分散で規準化した次の形式を導いている．

$$\chi_j^2=u_{1j}^2,\qquad u_{1j}=\frac{Y_{1j}-\mu_{1j}}{\sigma_{1j}},\tag{1.41}$$

$$\text{期待値}:\mu_{1j}=\frac{n_1\times(C_1+\cdots+C_j)}{n},$$
$$\text{分散}:\quad \sigma_{1j}^2=\frac{n_1\times n_2\times(C_1+\cdots+C_j)\times\{n-(C_1+\cdots+C_j)\}}{n^3}$$

超幾何分布の期待値は次のようなアイディアで簡単に計算できる．定義に従って期待値の式を書き下した後，もう一度超幾何分布の形を作り出す．そうすれば超幾何分布の合計が 1 であることから，見掛けによらずあっけなく計算が終了する．まず，超幾何分布の確率に y_{1j} を乗じると分母の $y_{1j}!$ と相殺して $(y_{1j}-1)!$ が残る．そこで，n，n_1，$C=C_1+\cdots+C_j$ からも 1 を引いた変数を作り，これら 1 を引いた変数を肩に $'$ を付けて表すと，y_{1j} を乗じた式は次のように変形される．

$$\begin{aligned}
&y_{1j}\times\frac{n_1!\times(n-n_1)!\times C!\times(n-C)!}{n!\times y_{1j}!\times(n_1-y_{1j})!\times(C-y_{1j})!(N-n_1-C+y_{1j})!}\\
&=\frac{n_1'!\times(n'-n_1')!\times C'!\times(n'-C')!}{n'!\times y_{1j}'!\times(n_1'-y_{1j}')!\times(C'-y_{1j}')!(n'-n_1'-C'+y_{1j}')!}\\
&\quad\times\frac{n_1\times C}{n}
\end{aligned}$$

この右辺第1項は文字が変わっただけで超幾何分布 $H(Y'_{1j}|n'_1, C', n')$ の確率の形を保っているから，新しい変数 y'_{1j} について足した結果は1である．つまり，期待値 $\mu_{1j} = n_1 \times C/n$ があっけなく計算されている．

分散 $\sigma_{1j}^2 = E(y_{1j}^2) - \mu_{1j}^2$ の計算も同様に行えるが一工夫が必要である．すなわち，

$$E(y_{1j}^2) = E\{y_{1j}(y_{1j} - 1)\} + E(y_{1j})$$

と変形し，この右辺第1項の計算に上述のアイディアを使えばよい．つまり，各変数から2を減じた変数に関する超幾何分布の確率の形を作り出せばよい．その結果は式 (1.41) で規準化に用いている σ_{1j}^2 の右辺分母の n^3 を $n^2(n-1)$ と置き換えたものになる．ここでは簡単のため n^3 と置いているが，その差異は実用上問題にならない．とくに，正確な p 値を数え上げで求める場合には相対的大きさだけが問題なので影響がない．

さて，最大 χ^2 法の棄却域は

$$R: \max_{j=1,\ldots,J-1} \chi_j^2 \geq c$$

と表せる．そこで，$\chi_1^2, \ldots, \chi_{J-1}^2$ の中の最大値 $\max_{j=1,\ldots,J-1}\chi_j^2$ の実現値を c_0 とすると p 値は帰無仮説の下で

$$p = 1 - \Pr(\chi_1^2 < c_0, \ldots, \chi_{J-1}^2 < c_0)$$

と計算される．最大値が c_0 以上である確率は，すべての χ_j^2 が c_0 より小さい確率を1から引けばよいのである．確率計算は Y_{1j} に関して行うので，実際には χ_j^2 と Y_{1j} の対応 (1.41) により，

$$p = 1 - \Pr(\mu_{1j} - c_0\sigma_{1j} < Y_{1j} < \mu_{1j} + c_0\sigma_{1j},\ j = 1, \ldots, J-1) \quad (1.42)$$

という形式を用いる．この形式だと両側検定であるが，不等式の片側だけを用いることにより片側検定にも用いることができる．たとえば，右片側検定の p 値は

$$p = 1 - \Pr(Y_{1j} < \mu_{1j} + c_0\sigma_{1j},\ j = 1, \ldots, J-1) \quad (1.43)$$

表 1.11 Y_{1j} と Y_{1j+1} の関係

薬剤 (i)	順序分類 (j) $1,\ldots,j$	$j+1$	計
1	$Y_{1j}(=y_{11}+\cdots+y_{1j})$	$Y_{1j+1}-Y_{1j}(=y_{1j+1})$	Y_{1j+1}
2	$C_1+\cdots+C_j-Y_{1j}$	$C_{j+1}+Y_{1j}-Y_{1j+1}$	$C_1+\cdots+C_{j+1}-Y_{1j+1}$
	$C_1+\cdots+C_j$	C_{j+1}	$C_1+\cdots+C_{j+1}$

で与えられる．ところで，このような多重和分は多重積分と同様に，ナイーブな方法では計算時間とメモリの負担により，$J=5$ 程度で破綻してしまう．ところが，この最大 χ^2 法の場合は Y_{1j} のマルコフ性により，極めて簡便，かつ効率の良い漸化式を提案でき，実用的な方法になる．このアイディアはより複雑な推論を行う後の章でも繰り返し用いられるので，少し詳しく説明しておこう．

以下では記述の簡単さのために片側検定の式 (1.43) について考える．この確率計算に必要なのは累積和 Y_{1j}, $j=1,\ldots,J-1$, の同時分布である．Y_{1j} は次々と y_{1j} を加算して作られるために互いに独立ではない．したがってその同時分布を書き下すのは大変複雑である．しかし幸いなことにこのような累積和は特有のマルコフ性を持っており，同時分布は次のように条件付分布の積で表せる．詳しくは Hirotsu(2017) を参照して欲しい．

$$
\begin{aligned}
&\Pr(Y_{11},\ldots,Y_{1J-1}|Y_{1J},C_1,\ldots C_{J-1},n)\\
&=P_1(Y_{11}|Y_{12})\times\cdots\times P_j(Y_{1j}|Y_{1j+1})\times\cdots\times P_{J-1}(Y_{1J-1}|Y_{1J}) \quad (1.44)
\end{aligned}
$$

式 (1.44) の左辺は，同時分布本来の多項超幾何分布を表している．それを右辺では条件付分布の積に分解している．その第 j 項はスペースの関係で略記されているが，実は超幾何分布 $H(Y_{1j}|Y_{1j+1},C_1+\cdots+C_j,C_1+\cdots+C_{j+1})$ であり，表 1.11 を参照して

$$
\begin{aligned}
&P_j(Y_{1j}|Y_{1j+1})\\
&=\binom{C_1+\cdots+C_j}{Y_{1j}}\binom{C_{j+1}}{Y_{1j+1}-Y_{1j}}\Bigg/\binom{C_1+\cdots+C_{j+1}}{Y_{1j+1}}
\end{aligned}
$$

と表される．なお，これらの表記で用いられている縦棒はその後ろにある変数による条件付けを表す．表 1.11 には分割表として 4 個のセルがあるが，合計欄にある 4 個の周辺和および総和が固定されているので，事実上確率変数は Y_{1j} のみであり，他の 3 個のセルの変数はすべて Y_{1j} で表されてしまう．これは表 1.10 で説明したことと同じである．さらに，確率変数 Y_{1j} の定義域は表 1.11 の 4 個のセルの数値が非負という条件から次のように定まる，

$$\max(0, Y_{1j+1} - C_{j+1}) \le Y_{1j} \le \min(C_1 + \cdots + C_j, Y_{1j+1}).$$

これで $Y_{11}, \ldots, Y_{1J-1}$ の同時分布を超幾何分布の積で表す具体的な形が明らかになった．それではこのマルコフ性を利用して，極めて巧妙な漸化式を求めよう．今，Y_{1j} を与えた j 項目までの分布関数 F_j を定義する．

$$F_j(Y_{1j}, c_0) = \Pr(Y_{1k} < \mu_{1k} + c_0\sigma_{1k},\ k = 1, \ldots, j | Y_{1j}), \quad j = 1, \ldots, J \tag{1.45}$$

この式で $j = J$ のときが，式 (1.43) 右辺の第 2 項 $\Pr(\cdot)$ の式に他ならない．式 (1.43) では添え字が $J-1$ までとなっているが，元々 Y_{1J} は定数なので式 (1.45) と同じことなのである．さて，式 (1.45) は $j = 1$ から始めて J まで次のように更新される．ただし，記述の簡便さのために $c_j = \mu_{1j} + c_0\sigma_{1j}$ と置いている．

$$F_{j+1}(Y_{1j+1}, c_0) = \Pr(Y_{11} < c_1, \ldots, Y_{1j} < c_j, Y_{1j+1} < c_{j+1} | Y_{1j+1})$$

$$= \sum_{Y_{1j}} \{\Pr(Y_{11} < c_1, \ldots, Y_{1j} < c_j, Y_{1j+1} < c_{j+1} | Y_{1j}, Y_{1j+1}) P_j(Y_{1j} | Y_{1j+1})\} \tag{1.46}$$

$$= \begin{cases} \displaystyle\sum_{Y_{1j}} \{F_j(Y_{1j}, c_0) P_j(Y_{1j} | Y_{1j+1})\} & \text{if } Y_{1j+1} < c_{j+1} \\ 0, & \text{otherwise} \end{cases} \tag{1.47}$$

式 (1.46) は，元の式を確率変数 Y_{1j} で条件付けた後，その確率 $P_j(Y_{1j}|Y_{1j+1})$ を荷重として全域で加算することにより，最初の確率が保存されるという「全確率の定理」そのものである．式 (1.47) の仮定の不等式が成り立つときは式 (1.46) からその不等式を除くことができ，さらにマルコフ性により条件付け変数 Y_{1j+1} を除くことができて，$F_j(Y_{1j}, c_0)$ が出現する．もし，仮定の不等式が成り立たない場合は式 (1.46) において当然確率は 0 になる．少し丁寧に説明したが，簡単に言えば分布関数 F_j を更新する漸化式は単に

$$F_{j+1}(Y_{1j+1}, c_0) = \sum_{Y_{1j}} \{F_j(Y_{1j}, c_0) P_j(Y_{1j}|Y_{1j+1})\} \tag{1.48}$$

である．初期値 $F_1(Y_{11}, c_0)$ は Y_{11} の定義域内で 1，それ以外で 0 である．定義域は表 1.10 で $j = 1$ としたときの 4 個のセルの非負条件，および $Y_{11} < \mu_{11} + c_0\sigma_{11}$ から定まる．

次に，式 (1.48) により $F_2(Y_{12}, c_0)$ を構成する．Y_{12} の定義域は表 1.10 で $j = 2$ とすればよい．このとき式 (1.48) は Y_{11} による加算であるが，その変域は表 1.10 ではなく，表 1.11 から定まる．次の変数 Y_{12} で条件付けているため変域が制限され，効率良く計算できるのである．これも多項分布を超幾何分布の積に分解した効果である．次に Y_{12} について加算するときも同様である．以下，この手順を F_J まで続け，$1 - F_J$ が求める p 値である．この方式は多重和分を単純和の繰り返しに置き換えているため，時間もメモリも大幅に短縮され J の大きさは問題にならない．分布関数 F_j を更新する漸化式 (1.48) をプログラムに組むのも極めて容易である．

最大 χ^2 法の例題は次の累積 χ^2 法と一緒に与える．繰返し述べているように，この方式には興味ある様々な発展形がある．条件付け分布は，ここでの超幾何分布の他に，たとえば正規分布ベースの場合は正規分布，Poisson 分布ベースの場合は 2 項分布となることが分かっているが，既知の分布とならない場合もある．その場合でも，条件付分布を数値的に計算しながら同時に漸化式を更新していくことができる．後節に種々の例が登

場するが，方法論的にも，理論的にも，そしてアルゴリズムとしても興味あるたくさんの問題を提供することができる．特筆すべき特長として，この統計量は単に統計的大小を評価するだけでなく，もし大小が認められる場合にはその傾向が順序カテゴリのどのあたりで顕著になるかという変化点を示唆できることがある．これは順位和検定や，次の累積 χ^2 法にはない大きな特長である．

(3)　累積 χ^2 法

式 (1.41) で与えられる χ^2 成分を足し込んだ

$$\chi^{*2} = \chi_1^2 + \cdots + \chi_{J-1}^2 \tag{1.49}$$

は累積 χ^2 と呼ばれ，むしろ最大 χ^2 法より以前から傾向性仮説に対して検出力の高い方法として注目されていた．ただし，あくまで総括検定であり，変化点を示唆することはない．また，二乗和であることから両側検定にのみ適用できる．最大 χ^2 法のような正確分布は知られていないが，大変良い χ^2 近似が得られる．とくに 2 因子間の交互作用問題では，一方の因子に累積 χ^2 を適用しつつ，他方の因子水準について多重比較を行うという興味ある発展形も得られる（第 4 章）．

累積 χ^2 の分布は，χ^2 分布の定数倍 $d\chi_f^2$ で良く近似される．定数 d, f は 2 次モーメント（平均と分散）が一致するように定める．3 次モーメントまで合わせる改良も得られているが，実用上は 2 次モーメントまでの調整で十分である．近似は帰無仮説と対立仮説の両方で得られるが，以下は帰無仮説の下での d と f である．この導出は広津 (1992) を参照して欲しい．

$$d = 1 + \frac{2}{J-1}\left(\frac{\lambda_1}{\lambda_2} + \frac{\lambda_1 + \lambda_2}{\lambda_3} + \cdots + \frac{\lambda_1 + \cdots + \lambda_{J-2}}{\lambda_{J-1}}\right) \tag{1.50}$$

$$f = \frac{J-1}{d} \tag{1.51}$$

$$\lambda_j = \frac{C_1 + \cdots + C_j}{C_{j+1} + \cdots + C_J} \tag{1.52}$$

累積 χ^2 を端的に特徴付けるのは，列和 C_j が揃っているときに成り立つ次の式である．

$$\chi^{*2} = \frac{J}{1 \times 2}\chi^2_{(1)} + \frac{J}{2 \times 3}\chi^2_{(2)} + \cdots + \frac{J}{(J-1) \times J}\chi^2_{(J-1)} \tag{1.53}$$

ここで $\chi^2_{(j)}$ は j 次多項式に沿う乖離を検出する χ^2 統計量を表し，とくに $\chi^2_{(1)}$ は2群について位置母数（平均）の変化，$\chi^2_{(2)}$ は尺度母数（分散）の変化を検出する．式 (1.53) において荷重を表す係数は急速に減衰するので，累積 χ^2 は主に平均と分散の差異を同時に検出し，平均と分散に対する荷重は3対1ということになる．列和が不揃いでも，それが極端でなければこれらの特長は近似的に成り立つ．検出力も高いので，平均・分散の同時検定には大変適している．

【例題 1.8】 表 1.7 のデータに対する最大 χ^2 と累積 χ^2

まず，最大 χ^2 法を適用する．表 1.9 より，最大 $\chi^2 = 3.663$ である．この両側 p 値は漸化式 (1.48) により 0.154 と得られる．先の自由度1の χ^2 としての両側 p 値 0.056 がいかに有意性の過大評価を与えていたかが分かる．なお，漸化式 (1.48) は片側で記述されているが，この例題では両側不等式 (1.42) に書き換えて適用している．

次に累積 χ^2 統計量 (1.49) は，表 1.9 の3個の χ^2 値を足して

$$\chi^{*2} = 3.091 + 2.557 + 3.663 = 9.311$$

と得られる．近似のための定数は式 (1.50)〜(1.52) により次のように得られる．

$$\lambda_1 = \frac{11}{109}, \quad \lambda_2 = \frac{28}{92}, \quad \lambda_3 = \frac{87}{33},$$
$$d = 1 + \frac{2}{4-1}\left(\frac{11/109}{28/92} + \frac{11/109 + 28/92}{87/33}\right) = 1.324$$
$$f = \frac{4-1}{1.324} = 2.267$$

そこで，$\chi^{*2}/d = 7.032$ を自由度 2.267 の χ^2 分布で評価して両側有意確率 0.039 が得られる．keisan は小数自由度の χ^2 についても整数と同じように計算してくれる．昔は小数自由度については特別な数表を要していた

ので隔世の感がある．なお，累積 χ^2 の χ^2 近似の等価自由度 f は一般に小さく，カテゴリ数 10 で 2.8 程度，カテゴリ数無限の極限でも 3.5 に満たない程度である．それは，成分 $\chi_1^2, \ldots, \chi_{J-1}^2$ がその構成法から言って互いに相関が強く，独立な成分に分解した式 (1.53) において係数が急速に減衰することに起因し，優れた指向性を示す要因を与えている．

さて，同じデータに 3 通りの方法を適用した結果，両側有意確率が 0.025，0.154，0.039 と異なる結果になった．もちろんいつもこれと同じような傾向を示すわけではなく，位置母数の変化のみが想定される場合は Wilcoxon 検定の検出力が高く，同時に尺度母数も変わる場合は最大 χ^2 や累積 χ^2 の検出力が高い．とくに，順序カテゴリのどこかで段差的にレスポンスが変化する場合は最大 χ^2 が高い検出力を示すとともにその変化点を示唆してくれる．また，後の例でも出て来るが，現象的にはどれかの χ^2 成分が突出しているときには最大 χ^2 の検出力が高く，この例のように揃っているときは累積 χ^2 の検出力が高い．一方，最大 χ^2 には正確な有意確率を与える簡便で効率の良いアルゴリズムが得られているので，少数例でも正確な p 値が得られるという特長がある．このように手法によって特性が異なるので，すべてを適用して最も有意性の高い結果を採用するのは多種検定による偽陽性を生じる．検定法はデータ取得前，少なくともデータを見る前に決定しておかなければならない．

1.3.4 対応のあるデータに対する並べ替え検定および符号付順位和検定

本項では対応のある t 検定（1.2.1 項）に対応する並べ替え検定について考える．表 1.3 の例で差 x_j を構成した後，それを絶対値 $|x_j|$ で置き換えることから始める．改めてそれらに ± の符号を付けた 2^{10} 通りのケースを母集団とし，実現したデータ $u = \sum_j x_j = 215$ の大きさを評価する．この例では 2^{10} 通りのケース $(\pm 5, \pm 11, \ldots, \pm 14)$ の中で和が 215 以上となるケースは 21 通りと数えられ，片側有意確率が $21/2^{10} = 0.0205$ と知れる．

一方，この例のように標本数が 10 もあれば正規近似が有効な方法であ

る．対応のあるデータの検定はすでに1標本問題に帰着しているので，より一般的に次のような1標本問題と捉えてよい．今，$x_1,\dots,x_n$ が互いに独立に中央値 μ の回りに対称に分布していると想定する．ここで，帰無仮説 $H_0:\mu=\mu_0$ を対立仮説 $H_1:\mu>\mu_0$ に対して検定する問題を考え，検定統計量は $u=\sum_j(x_j-\mu_0)$ とする．表1.3の例では $\mu_0=0$ である．この統計量を絶対値 $|x_j-\mu_0|$ に $\pm$ の符号を付けた 2^n 通りのケースからの無作為標本と考えて，期待値と分散を計算する．帰無仮説の下では対称性の仮定から，$|x_j-\mu_0|$ の大きさに関係なく $\pm$ の符号を等確率で取るから，確率変数 $X_j-\mu_0$ の期待値，分散は次のようになる．

$$
\begin{aligned}
E(X_j-\mu_0)&=\frac{1}{2}\times|x_j-\mu_0|+\frac{1}{2}\times(-|x_j-\mu_0|)=0\\
V(X_j-\mu_0)&=\frac{1}{2}\times(x_j-\mu_0)^2+\frac{1}{2}\times(-|x_j-\mu_0|)^2=(x_j-\mu_0)^2
\end{aligned}
$$

統計量 u の期待値，分散は x_j の独立性から

$$
E(u)=0,\qquad V(u)=\sum_j(x_j-\mu_0)^2
$$

となる．すなわち，帰無仮説の下で u の正規近似は

$$
u\sim N\left(0,\sum_j(x_j-\mu_0)^2\right)
$$

で与えられる．

【例題1.9】 表1.3のデータ解析続き

表1.3のデータに正規近似による並べ替え検定を適用する．この場合は $\mu_0=0$ として，正規近似を適用する．u の期待値は0，分散は表1.3より11397である．したがって規準化統計量は $215/\sqrt{11397}=2.014$ となり，その上側確率は0.022である．これは正確な数え上げによる0.0205の実用上十分良い近似を与えている．

$|x_j-\mu_0|$ を順位に置き換えて並べ替え検定を適用する方法はWilcoxon

の符号付順位和検定としてよく知られている．この場合の正規近似も期待値は0，分散はタイがなければ極めて簡単に $1^2 + 2^2 + \cdots + n^2 = n(n+1)(2n+1)/6$ となる．

【例題 1.10】　例題 1.9 続き（Wilcoxon の符号付順位和検定）

表 1.3 の x_j を絶対値の順位に置き換え，符号を保存した符号付順位は $(-1, 2, 10, 7, 9, 8, -4, 6, 5, -3)$ となり，タイのないケースである．この総計 39 を期待値 0，分散 385 で規準化した統計量は $39/\sqrt{385} = 1.988^*$ となり，その標準正規分布としての片側有意確率は 0.023 となる．やはり，有意水準 0.05 で有意である．

1.4　非劣性，同等性，優越性への総合的接近法 ―信頼区間の有意義な拡張―

1980 年代の日本における新薬の実薬対照比較臨床試験で，多重性とともに 2 大論争を引き起こしていたのが NS 同等 (Non-significance equivalence) である．薬の有用性は単なる薬効の他に，副作用，安定性，服用の容易さ，価格など様々な多面性を持っている．たとえば昔の抗生物質のように昼夜を問わず 6 時間おきに服用するのに対し，1 日 1 または 2 回服用で済むのならその有用性は計り知れない．そこで何らかの有用性で優れていれば，有効性については既存薬と同等であればよいというのは至極自然な考え方である．しかるに，同等性を証明する適切な統計的方法がないままに当時薬事審議会で実際に行われていたのが，統計的検定で有意差が示されないことをもって同等と認めるというとんでもない方式であった．広津 (1992) の表 4.10 に，現場にいた当時直近に認可された経口用抗生剤 10 個の新薬を挙げているが，そのうち 8 個は NS 同等であり，現在の基準では到底認可されない．当時甘い基準に慣れた製薬メーカーに対し，より厳しい新方式を理論的根拠で納得させるのは難航を極めたが，決着をつけたのは NS 同等でよいのなら，例数の少ないずさんな臨床試験を計画することによりいつでも達成できるという一言だった．一方，だからと言ってほぼ互角の実薬対照に対し統計的優越性を求めるには，実現不可能な膨大な症例数を要する．そこで提案されたのが新薬にプレミアムを与えるハンディキャップ検定（広津，1986）であるが，その方式も含めて，以下に述べる多重決定方式に基づく信頼領域が合理的な方式を与える．これは信頼区間（1.1.2 項）の極めて興味ある拡張である．

1.4.1　正規分布モデル

まず，1.1.1 項の正規分布モデルについて述べるが，有効性の 2 項分布データにも正規近似により適用できる．今，データ y_{ij} は正規分布 $N(\mu_i, \sigma^2)$, $i = 1, 2$; $j = 1, \ldots n_i$ に従うものとする．$i = 1$ が新薬，2 が実薬対照とする．特性値は大きい方が好ましいとし，$\mu_1 - \mu_2 > 0$ を優越，$\mu_1 - \mu_2 \geq 0$ を同等以上，$\mu_1 - \mu_2 > -\delta$ を強い非劣性 (strong non-inferiority)，$\mu_1 - \mu_2 \geq -\delta$ を弱い非劣性 (weak non-inferiority) と呼ぶ．ただし，δ は臨床的見地であらかじめ定められる非劣性マージンであり，当初ハンディキャップと呼ばれていた．δ についてはそこまでは許容できる限界なのか，そこはすでに許容できない限界なのかという議論もあったが，許容できないなら強い非劣性，許容できるなら弱い非劣性まで合格とすればよい．実現値に応じてこれらの決定を選択する多重決定方式は，1.1.1 項の両側もしくは片側検定をあらかじめ選択する方式に比べて大変魅力的である．それでは具体的な方式に移ろう．

まず，竹内 (1973a) の符号決め問題を応用して母数空間を排反な 3 領域に分割する，

$$M_1 : \mu_1 - \mu_2 < 0,$$

$$M_2 : \mu_1 - \mu_2 = 0,$$

$$M_3 : \mu_1 - \mu_2 > 0.$$

これらは同時に真となることがないので，有意水準 α の調整なしに検定できる．このそれぞれを帰無仮説とする仮説検定の反転から，信頼率 $1 - \alpha$ の信頼区間が次のように得られる．

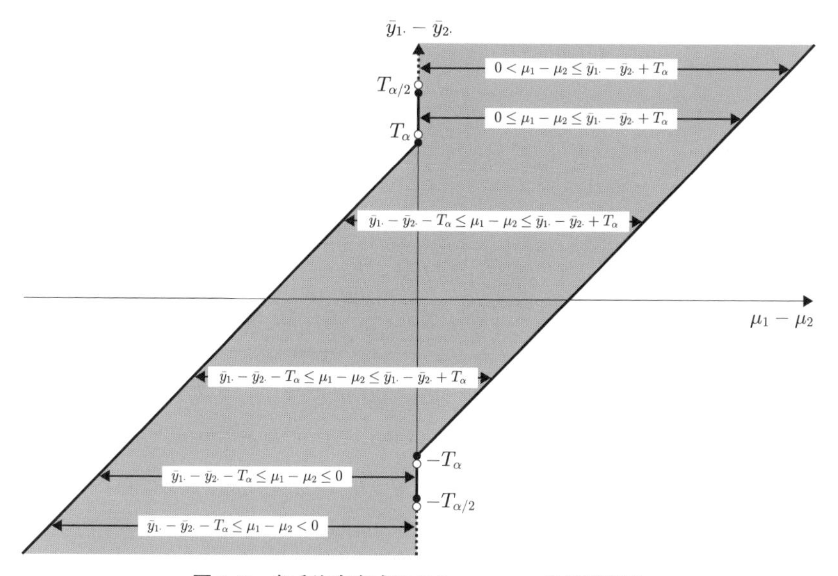

図 1.2　多重決定方式による $\mu_1 - \mu_2$ の信頼領域

$A_{M_1}: \mu_1 - \mu_2 < 0$ に対し $\bar{y}_{1\cdot} - \bar{y}_{2\cdot} - (\mu_1 - \mu_2) \leq T_\alpha$,

$A_{M_2}: \mu_1 - \mu_2 = 0$ に対し $-T_{\alpha/2} \leq \bar{y}_{1\cdot} - \bar{y}_{2\cdot} - (\mu_1 - \mu_2) \leq T_{\alpha/2}$,

$A_{M_3}: \mu_1 - \mu_2 > 0$ に対し $\bar{y}_{1\cdot} - \bar{y}_{2\cdot} - (\mu_1 - \mu_2) \geq -T_\alpha$

ただし，1.1.1 項と同じく $\bar{y}_{i\cdot}$, $i = 1, 2$, は標本平均で，

$$T_\alpha = \hat{\sigma}\sqrt{\frac{1}{n_1} + \frac{1}{n_2}}t_{n-2}(\alpha)$$

と置いている．$\hat{\sigma}$ は自由度 $n-2$ の不偏分散の平方根である．たとえば，M_1 に属する $\mu_1 - \mu_2$ に対する右片側対立仮説の棄却域は，$\bar{y}_{1\cdot} - \bar{y}_{2\cdot} - (\mu_1 - \mu_2) > T_\alpha$ で与えられる．この不等号を逆転したのが採択域 A_{M_1} である．棄却域というときは不等式を $\bar{y}_{1\cdot} - \bar{y}_{2\cdot}$ の関数と見ており，採択域というときは不等式を $(\mu_1 - \mu_2)$ の関数と見ていることに注意する．この関係は図 1.2 に示されているが，とくに $(\mu_1 - \mu_2)$ の採択域がシェードで表示されている．これらを総合して，$(\mu_1 - \mu_2)$ に対する信頼率 $(1-\alpha)$ の信頼領域が次のように得られる．

$$
\begin{aligned}
&T_{\alpha/2} < \bar{y}_{1\cdot} - \bar{y}_{2\cdot} \text{に対して} 0 < \mu_1 - \mu_2 \leq \bar{y}_{1\cdot} - \bar{y}_{2\cdot} + T_\alpha, \\
&T_\alpha < \bar{y}_{1\cdot} - \bar{y}_{2\cdot} \leq T_{\alpha/2} \text{に対して} 0 \leq \mu_1 - \mu_2 \leq \bar{y}_{1\cdot} - \bar{y}_{2\cdot} + T_\alpha, \\
&-T_\alpha \leq \bar{y}_{1\cdot} - \bar{y}_{2\cdot} \leq T_\alpha \text{に対して} \bar{y}_{1\cdot} - \bar{y}_{2\cdot} - T_\alpha \leq \mu_1 - \mu_2 \\
&\qquad\qquad\qquad\qquad \leq \bar{y}_{1\cdot} - \bar{y}_{2\cdot} + T_\alpha, \\
&-T_{\alpha/2} \leq \bar{y}_{1\cdot} - \bar{y}_{2\cdot} < -T_\alpha \text{に対して} \bar{y}_{1\cdot} - \bar{y}_{2\cdot} - T_\alpha \leq \mu_1 - \mu_2 \leq 0, \\
&\bar{y}_{1\cdot} - \bar{y}_{2\cdot} < -T_{\alpha/2} \text{に対して} \bar{y}_{1\cdot} - \bar{y}_{2\cdot} - T_\alpha \leq \mu_1 - \mu_2 < 0
\end{aligned}
\tag{1.54}
$$

【例題 1.11】　例題 1.1 の再解析

たとえばこの方式を例題 1.1 に適用するのに，あらかじめ右片側検定などと宣言する必要はない．今，$\bar{y}_{1\cdot} - \bar{y}_{2\cdot} = 5.2$, $T_{0.05/2} = 2.101$ だから，結果は式 (1.54) の第 1 式に当たる．その左辺からまず有意水準 0.05 で，A 社の優越性 $(0 < \mu_1 - \mu_2)$ が言える．さらに右辺の不等式から，

$$
\begin{aligned}
\mu_1 - \mu_2 &\leq \bar{y}_{1\cdot} - \bar{y}_{2\cdot} + T_{0.05} \\
&= 0.52 + \sqrt{\left(\frac{1}{10} + \frac{1}{10}\right) \times 0.245} = 0.90
\end{aligned}
$$

が分かる．B 社の側から見れば $\mu_2 - \mu_1 \geq -0.90$ である．つまり，A 社に対して平均が 0.90 くらい劣っている可能性が否定できない．この結論は例題 1.3 と同じである．

例題 1.1 および 1.3 のように，推定あるいは検定方式を選択し，さらに片側，両側推測のどちらかをあらかじめ選択するのに比べ，この多重決定方式は一度習得すれば論理的に極めて明快で，手順もはるかに簡単ではないだろうか．例題 1.3 の片側信頼区間では，どちら側を採用するのか一瞬戸惑ってしまう．ぜひ古典的で煩わしい方式に拘泥せず，簡単で明快な本方式に切り替えて欲しい．1.1 節で数ページを要した説明が式 (1.54) の数行で済んでしまうのである．あらかじめ右側または左側の片側検定を選択する必要がなく，得られた $\bar{y}_{1\cdot} - \bar{y}_{2\cdot}$ の大きさによって式 (1.54) の 5 個の

決定の内の一つを選択できるので，頭を悩ませることがない．この方式は以下の非劣性検証も含めるとさらに魅力的になる．

非劣性検証のために非劣性マージンδを導入して，次の2個の領域を定義する．

$$M_{-\delta}^{-} : \mu_1 - \mu_2 < -\delta, \qquad M_{-\delta} : \mu_1 - \mu_2 = -\delta,$$

導入した$M_{-\delta}^{-}$と$M_{-\delta}$は排反事象であり，ともに先に導入したM_1に含まれる．つまり集合論の積集合$\cap$の記法に従って以下が成立する．この場合の積とは「かつ (and)」を指し，たとえば$A \cap B$はAとBが同時に成り立つこと，つまり共通部分集合を意味する．ただし，$\varnothing$は空集合である．

$$M_1 \cap M_{-\delta}^{-} = M_{-\delta}^{-}, \quad M_1 \cap M_{-\delta} = M_{-\delta}, \quad M_{-\delta}^{-} \cap M_{-\delta} = \varnothing,$$
$$M_1 \cap M_2 = M_{-\delta}^{-} \cap M_2 = M_{-\delta} \cap M_2 = \varnothing$$

そこで多重比較の分野でよく知られている閉手順方式（2.2.1 項 (3)）により，$M_{-\delta}^{-}$と$M_{-\delta}$の検定から始めるが，それらは排反事象なので有意水準の調整なしにそれぞれサイズαで検定できる．もしそれらが棄却されたなら，M_1とM_2を有意水準αで検定できる．そこで手順としては最初に$M_{-\delta}^{-}$に対して片側有意水準αの検定を適用する．もしそれが棄却されないならどちらの非劣性も言えない．もし棄却されたら次のステップとして$M_{-\delta}$の両側検定に進む．もしそれが棄却されないなら検定を終了し，弱い非劣性$\mu_1 - \mu_2 \geq -\delta$のみ主張できる．もし棄却されたら次に$M_1$の片側検定を実施し，それが棄却されなければ強い非劣性$\mu_1 - \mu_2 > -\delta$を主張して検定を終える．もし棄却されたらM_2の両側検定に進み，それが棄却されなければ同等以上$\mu_1 - \mu_2 \geq 0$を主張する．もしM_2が棄却されたら最終的に優越性$\mu_1 - \mu_2 > 0$を主張できる．以上の手順を$\alpha = 0.05$として次のようにまとめることができる．

1. もし，$\bar{y}_{1\cdot} + \delta - \bar{y}_{2\cdot} \leq T_{0.05}$が成立すれば，どちらの非劣性も言え

ない．

2. もし，$T_{0.05} < \bar{y}_{1\cdot} + \delta - \bar{y}_{2\cdot} \leq T_{0.025}$ が成立すれば，$M_{-\delta}^{-}$ 棄却，$M_{-\delta}$ 採択なので，弱い非劣性 $\mu_1 - \mu_2 \geq -\delta$ を主張する．
3. もし，$\bar{y}_{1\cdot} + \delta - \bar{y}_{2\cdot} > T_{0.025}$ かつ $\bar{y}_{1\cdot} - \bar{y}_{2\cdot} \leq T_{0.05}$ が成立すれば，さらに $M_{-\delta}$ が棄却されるので，強い非劣性 $\mu_1 - \mu_2 > -\delta$ を主張する．
4. もし，$T_{0.05} < \bar{y}_{1\cdot} - \bar{y}_{2\cdot} \leq T_{0.025}$ が成立すれば，同等以上 $\mu_1 - \mu_2 \geq 0$ を主張する．
5. もし，$\bar{y}_{1\cdot} - \bar{y}_{2\cdot} > T_{0.025}$ が成立すれば，優越性 $\mu_1 - \mu_2 > 0$ を主張する．

たとえば，3. では $M_{-\delta}^{-}$ と $M_{-\delta}$ が棄却され，M_1 は棄却されないことに注意する．

この方式は旧厚生省ガイドラインやその後の ICH E9 (Lewis, 1999) を包含している．この方式では従来のようにあらかじめ片側，両側の指定をする必要がなく，また，すべての手順で検定の有意水準が一定 α に保たれ，全体として信頼率 $1-\alpha$ の信頼集合を与える．理論的にも，手順的にも大変合理的な方式である．

ここで非劣性以上を主張するのに，条件

$$\bar{y}_{1\cdot} - \bar{y}_{2\cdot} \geq -T_{0.025} \tag{1.55}$$

を要求するのは大変合理的なことである．この条件が成り立たないということは $\mu_1 - \mu_2$ の信頼集合の上限が 0 を下回ることを意味する．このとき，いくら下限が非劣性の条件をクリアしたとしても，形式的に非劣性を主張するには無理がある．この方式は非劣性クリアの条件を厳しくする方向なので，消費者危険（第 1 種の過誤の確率）はもちろん α で押さえられている．その上で，生産者危険（第 2 種の過誤の確率，1 − 検出力）が実質的に旧厚生省方式（単純片側 α 検定）と同等であることが Hirotsu (2017) で証明されている．

1.4.2 2 項分布モデル

この非劣性，同等性，優越性への総合的接近法は元々 2 項分布モデルに対して考えられた．そこで 2 群のデータ y_1, y_2 が 2 項分布 $B(n_i, p_i)$, $i = 1, 2$ に従うものとする．ただし，$i = 1$ が被験薬，2 が実薬対照とする．前項と同様 $p_1 - p_2$ の属する空間を 3 分割する，

$$M_1 : p_1 - p_2 < 0,$$

$$M_2 : p_1 - p_2 = 0,$$

$$M_3 : p_1 - p_2 > 0.$$

さらに，あらかじめ設定された非劣性マージン δ により次の 2 領域を定義する，

$$M_{-\delta} : p_1 - p_2 = -\delta,$$

$$M_{-\delta}^{-} : p_1 - p_2 < -\delta.$$

これらの領域は前項と同じなので，$p_1 - p_2$ に対する推定量 $y_1/n_1 - y_2/n_2$ の正規近似により同じ手順が適用できる．前項と異なる唯一の難点は，2 項分布の特徴として平均と分散が独立ではなく連動することである．このことは推定量 $y_1/n_1 - y_2/n_2$ を規準化するのに，分割した領域ごとに異なる分散を用いなければならないことを意味する．しかしその難点は，帰無仮説 M_2 の下での推定量

$$\hat{V}_0 = \left(\frac{1}{n_1} + \frac{1}{n_2}\right)\frac{y_1 + y_2}{n_1 + n_2}\left(1 - \frac{y_1 + y_2}{n_1 + n_2}\right) \tag{1.56}$$

を一貫して用いることで克服できる．ハンディキャップ仮説 $M_{-\delta}$ の下では，より正確な推定量として，Dunnett and Gent (1977) による

$$\hat{V}_\delta = \frac{1}{n_1}(\hat{p}_{2\delta} - \delta)(1 - \hat{p}_{2\delta} + \delta) + \frac{1}{n_2}\hat{p}_{2\delta}(1 - \hat{p}_{2\delta}),$$

$$\hat{p}_{2\delta} = \frac{y_1 + y_2 + n_1\,\delta}{n_1 + n_2}$$

が知られている．ところが，$\hat{V}_\delta$ を δ に関して展開すると，$\hat{V}_0$ との間に次の関係があることが分かる．

$$\hat{V}_\delta \simeq \hat{V}_0 + \delta \times \frac{n_1 - n_2}{n_1 n_2}\left(1 - 2\frac{y_1 + y_2}{n_1 + n_2}\right) - \delta^2 \times \frac{n_1^2 - n_1 n_2 + n_2^2}{n_1 n_2 (n_1 + n_2)}$$

そこで，総平均を $\hat{p}_{20} = (y_1 + y_2)/(n_1 + n_2)$ として $\sqrt{\hat{V}_\delta}$ と $\sqrt{\hat{V}_0}$ の相対誤差の評価式

$$\frac{\left|\sqrt{\hat{V}_\delta} - \sqrt{\hat{V}_0}\right|}{\sqrt{\hat{V}_\delta}} \fallingdotseq \frac{\delta}{8\hat{p}_{20}(1 - \hat{p}_{20})}\left\{2(2\hat{p}_{20} - 1)\frac{n_1 - n_2}{n_1 + n_2} + \delta\right\} \tag{1.57}$$

が得られる．2群の例数がほぼ等しいときには，相対誤差は δ^2 のオーダーで，δ は通常 0.1 程度に取られるので両者の差は無視できる．実際，例題 1.12 において，相対誤差 (1.57) は 0.002 程度である．これですべてのステップを通して分散の推定量 $\hat{V}_0$ (1.56) を用いることが正当化されたので，多重決定方式は次のようにまとめられる．ただし，$\hat{p}_i = y_i/n_i, i = 1, 2,$ は各群のナイーブな有効率推定量である．

1. もし，$(\hat{p}_1 + \delta - \hat{p}_2)/\sqrt{\hat{V}_0} \le z_{0.05}$ が成立すれば，どちらの非劣性も言えない．
2. もし，$z_{0.05} < (\hat{p}_1 + \delta - \hat{p}_2)/\sqrt{\hat{V}_0} \le z_{0.025}$ が成立すれば，弱い非劣性 $p_1 - p_2 \ge -\delta$ を主張する．
3. もし，$(\hat{p}_1 + \delta - \hat{p}_2)/\sqrt{\hat{V}_0} > z_{0.025}$ かつ $(\hat{p}_1 - \hat{p}_2)\sqrt{\hat{V}_0} \le z_{0.05}$ が成立すれば，強い非劣性 $p_1 - p_2 > -\delta$ を主張する．
4. もし，$z_{0.05} < (\hat{p}_1 - \hat{p}_2)/\sqrt{V_0} \le z_{0.025}$ が成立すれば，同等以上 $p_1 - p_2 \ge 0$ を主張する．
5. もし，$(\hat{p}_1 - \hat{p}_2)/\sqrt{\hat{V}_0} > z_{0.025}$ が成立すれば，優越性 $p_1 - p_2 > 0$ を主張する．

この場合も非劣性推論 2. および 3. では，やはり前項の条件 (1.55) に対応する条件

$$\frac{\hat{p}_1 - \hat{p}_2}{\sqrt{\hat{V}_0}} > -z_{0.025} \tag{1.58}$$

を課すことが勧められる．

表 1.12　慢性蕁麻疹に関する第Ⅲ相比較臨床試験

薬剤	症状		計
	治癒	不治癒	
被験薬	87	25	112
対照薬	81	40	121

【例題 1.12】　第Ⅲ相比較臨床試験における非劣性検証

表 1.12 のデータは慢性蕁麻疹(じんましん)に関する実薬対照 2 重盲検無作為化による第Ⅲ相比較臨床試験の結果である (Nishiyama et al., 2001).

通常のように非劣性マージンを $\delta = 0.1$ に設定する．分散の推定量はそれに関わらず，式 (1.56) により

$$\hat{V}_0 = \left(\frac{1}{112} + \frac{1}{121}\right) \times \frac{168}{233} \times \frac{65}{233} = 0.003458$$

と得られる．手順 1 に従ってまず計算するのは，

$$\frac{\hat{p}_1 + \delta - \hat{p}_2}{\sqrt{\hat{V}_0}} = \left(\frac{87}{112} + 0.1 - \frac{81}{121}\right) \Big/ \sqrt{0.003458} = 3.526$$

である．この値は $z_{0.025} = 1.96$ より大きいので，次に

$$\frac{\hat{p}_1 - \hat{p}_2}{\sqrt{\hat{V}_0}} = \left(\frac{87}{112} - \frac{81}{121}\right) \Big/ \sqrt{0.003458} = 1.826$$

を計算する．この値は $z_{0.05} = 1.645$ より大きく $z_{0.025} = 1.96$ より小さい．そこで，同等以上 $p_1 - p_2 \geq 0$ が達成されたことになる．なお，$\hat{p}_1 - \hat{p}_2$ が正なので，条件 (1.58) はもちろんクリアされている．なお，この例では，$\hat{V}_\delta = 0.003444$ である．この値と $\hat{V}_0 = 0.003458$ の差異は十分小さく，相対誤差 (1.57) は 0.002 である．

現行の国際基準 (ICH E9) や旧厚生省基準ではこのケースは非劣性止まりになる．被験薬，対照薬それぞれの有効率 0.78 および 0.67 から言って，感覚的にも被験薬が同等以上と宣言するのが適切に思えるがどうだろう．なお，当時このように非劣性検証から，より上位の優越性検証などに進むのは “switching procedure” と呼ばれ，統計的推論の妥当性が論じら

れていた．本節の多重決定方式はその面倒な議論を超越している．

第2章

1元配置実験とその解析

1元配置は a 通りの処理平均 $\mu_1, \ldots, \mu_a$ を比較するのに，それぞれ n_i 回ずつ実験することとし，全部で $n = n_1 + \cdots + n_a$ 回の実験を順序を完全無作為化して行う．2標本問題はこの $a = 2$ の場合に当たる．本章最初の2.1節では，a 処理の一様性検定を紹介する．これはどのテキストでも説明されている分散分析の基本であるが，総括的な検定であるために，その有用性は限定的である．たとえ平均の一様性が棄却されても，それではどの処理が最適であるかというような実際に知りたいことには何一つ答えてくれないからである．そこで実際に有用なのはむしろ，2.2節の多重比較法，および2.3節の単調性推測であり，2.1節はそのための準備と思って欲しい．

2.1　処理の一様性検定

2.1.1　正規分布モデル

後の2.3節で詳細に解析する例を表2.1に示す．実験動物であるラット25匹は抗生物質NFLXの5種類の用量に完全無作為に割り付けられている．繰返し数の等しい例 $(n_1 = \cdots = n_a = 5)$ であるが，第3水準のデータ2.14は外れ値として，後の解析では除外される．このように意図していないにも関わらず，結果的に繰返し数不揃い（$n_3 = 4$，他は5）の例となることはしばしば起こる．

表 2.1 抗生物質 NFLX の半減期 (Hirotsu et al., 2011)

用量 (mg/Mg/day)	半減期 (hr)				
5	1.17	1.12	1.07	0.98	1.04
10	1.00	1.21	1.24	1.14	1.34
25	1.55	1.63	1.49	1.53	2.14
50	1.21	1.63	1.37	1.50	1.81
200	1.78	1.93	1.80	2.07	1.70

このようなデータを記述するには，すでに式 (1.14) でも用いている分散分析モデルが便利である．1元配置分散分析モデルは次のように表される，

$$y_{ij} = \mu_i + e_{ij}, \qquad i = 1, \ldots, a;\ j = 1, \ldots, n_i. \tag{2.1}$$

ただし，e_{ij} は測定誤差で，互いに独立に正規分布 $N(0, \sigma^2)$ に従うことが仮定される．この $a = 2$ の場合を第1章で扱った．そこでは μ_1 と μ_2 を比較したのに対し，ここでは多水準であることにより，式 (2.2) に示すような様々な比較に興味が生じる．たとえば

$$\mu_1 \text{と} \mu_2, \quad \mu_1 \text{と} \mu_3, \quad \frac{\mu_1 + \mu_2}{2} \text{と} \mu_3 \tag{2.2}$$

の比較などなどである．すなわち，2標本問題では処理比較の自由度が1であったのに対し，本章ではそれが $a - 1$ であることから，様々に興味ある仮説が定義される．そのうち本節で扱うのは，一様性検定である．一様性の帰無仮説は

$$H_0 : \mu_1 = \mu_2 = \cdots = \mu_a, \tag{2.3}$$

対立仮説は

$$H_1 : H_0 \text{の否定，式 (2.3) の少なくとも1個の等号が成り立たない，} \tag{2.4}$$

と表される．2標本問題で取り上げた片側仮説 $\mu_1 - \mu_2 > 0$ の多次元への拡張は本書の特徴の一つであり，単調性仮説として2.3節で詳しく述べ

る．式 (2.2) に示したような様々な比較を，対比較に限定することにより比較の精度を上げる Tukey の多重比較法については 2.2 節で述べる．

最初に，モデル (2.1) の下で，μ_i の最良推定量はたとえば最小二乗法により，

$$\hat{\mu}_i = \bar{y}_{i\cdot}, \qquad i = 1, \ldots, a,$$

と得られる．これは第 1 章の $\bar{y}_{i\cdot}$ などと同じである．式 (1.2) の $S_1 + S_2$ に対応する平方和は，1 元配置では

$$S_e = \sum_{i=1}^{a} \sum_{j=1}^{n_i} (y_{ij} - \bar{y}_{i\cdot})^2 = \sum_{i=1}^{a} \left(\sum_{j=1}^{n_i} y_{ij}^2 - \frac{y_{i\cdot}^2}{n_i} \right) \tag{2.5}$$

で与えられる．式 (2.5) はデータ y_{ij} からモデル (2.1) の推定量 $\bar{y}_{i\cdot}$ を引いた二乗和なので，分散分析では一般に残差平方和と呼ばれる．これはモデル (2.1) を代入すれば分かるように，母数 μ_i によらない統計量である．次に，帰無仮説 (2.3) の下では共通の平均が $\bar{y}_{\cdot\cdot} = y_{\cdot\cdot}/n, n = \sum_i n_i$（総例数）で与えられるので，残差平方和は

$$S_T = \sum_{i=1}^{a} \sum_{j=1}^{n_i} (y_{ij} - \bar{y}_{\cdot\cdot})^2 = \sum_{i=1}^{a} \sum_{j=1}^{n_i} y_{ij}^2 - \frac{y_{\cdot\cdot}^2}{n} \tag{2.6}$$

となる．S_T (2.6) はデータの総変動，あるいは総平方和と呼ばれる．より強い制約 (2.3) の下での当てはめ残差なので，当然 S_e (2.5) より大きくなる．その差

$$S_H = S_T - S_e = \sum_{i=1}^{a} n_i (\bar{y}_{i\cdot} - \bar{y}_{\cdot\cdot})^2 = \sum_{i=1}^{a} \frac{y_{i\cdot}^2}{n_i} - \frac{y_{\cdot\cdot}^2}{n} \tag{2.7}$$

は帰無仮説 H_0 を課したことによる残差平方和の増分を表し，処理変動，あるいは処理平方和と呼ばれる．これに対し，S_e (2.5) は誤差変動とも呼ばれる．結局，総変動 S_T を処理変動と誤差変動の和

$$S_T = S_H + S_e$$

に分解したことになり，分散分析の最も単純なケースを与えている．

誤差変動 S_e は a 個の母数を当てはめて計算されているので，自由度は $n-a$ である．平方和 S_T は1個の母数（総平均）を当てはめて計算されているので，自由度は $n-1$ である．それらの差である S_H (2.7) の自由度は $(n-1)-(n-a)=a-1$ と計算される．自由度の詳細は略すが，初等的説明については広津 (2018) を参照されたい．ちなみに，これら平方和の期待値を正規分布モデル (2.1) の下で計算すると

$$E(S_H) = \sum_{i=1}^{a} \{n_i(\mu_i - \bar{\mu}.)^2\} + (a-1)\sigma^2 \tag{2.8}$$

$$E(S_e) = (n-a)\sigma^2 \tag{2.9}$$

となる．式 (2.9) はすでに述べたように処理平均 μ_i によらず，S_e が誤差変動と呼ばれる所以を示している．式 (2.9) が示しているように

$$\hat{\sigma}^2 = \frac{S_e}{n-a} \tag{2.10}$$

は，分散 σ^2 の不偏推定量であり，かつ不偏推定量の中で最小分散であることが示される．この式は $a=2$ のとき，式 (1.2) に一致する．一方，式 (2.8) には μ_i の変動が寄与しており，S_H が処理変動と呼ばれる所以を表す．

さて，一様性の帰無仮説の下で，式 (2.8) 右辺第1項は0である．そこで，これらの平方和を自由度で除した $S_H/(a-1)$ と $S_e/(n-a)$ はともに σ^2 の不偏推定量となる．これから分かるように，S_H は帰無仮説 H_0 からの乖離を表す変動なので，これが誤差変動 S_e に対して相対的に大きいことが帰無仮説 H_0 を棄却する根拠になる．そこで

$$\sigma_1^2 = \sigma^2 + \frac{\sum_i \{n_i(\mu_i - \bar{\mu}.)^2\}}{a-1},$$
$$\sigma_2^2 = \sigma^2$$

と置くと，あたかも，1.1.3 項で帰無仮説 $K_0 : \sigma_1^2 = \sigma_2^2$ を対立仮説 $K_2 : \sigma_1^2 > \sigma_2^2$ に対して検定した問題と同値になる．すなわち，

表 2.2　1 元配置の分散分析表

要因	平方和	自由度	平均平方	F	非心度
処理	S_H (2.7)	$a-1$	$S_H/(a-1)$	F (2.11)	γ (2.12)
誤差	S_e (2.5)	$n-a$	$S_e/(n-a)$		
計	S_T (2.6)	$n-1$			

$$F = \frac{S_H/(a-1)}{S_e/(n-a)} \tag{2.11}$$

が式 (1.8) に相当し，帰無仮説 H_0 (2.3) の下で F 統計量

$$F_{a-1,n-a} = \frac{\chi^2_{a-1}/(a-1)}{\chi^2_{n-a}/(n-a)}$$

に従う．式 (2.11) は $a = 2$ のとき，式 (1.3) の二乗 t^2 に一致する．有意水準 α の棄却域は

$$R : F\,(2.11) > F_{a-1,n-a}(\alpha)$$

で与えられる．ここで，

$$\gamma = \frac{\sum_i \{n_i(\mu_i - \bar{\mu}.)^2\}}{\sigma^2} \tag{2.12}$$

は非心度と呼ばれ，帰無仮説からの乖離の大きさを表す一つの指標である．対立仮説 H_1 (2.4) の下では，F (2.11) は自由度 $(a-1, n-a)$，非心度 γ の非心 F 分布に従い，帰無仮説の下より統計的に大きな値を取る．以上の手順は分散分析表 2.2 にまとめられる．

【例題 2.1】　フェライト芯の磁性強度

表 2.3 は 4 通りの処理 $A_1, \ldots, A_4$ によって得られたフェライト芯の磁性強度 (μ) である．表 2.3 に与えた数値と式 (2.5)〜(2.7) により

表 2.3 フェライト芯の磁性強度 (μ)（森口（編），1989）

処理	データ					計	計の二乗	データ二乗計
A_1	10.8	9.9	10.7	10.4	9.7	51.5	2652.25	531.39
A_2	10.7	10.6	11.0	10.8	10.9	54.0	2916.00	583.30
A_3	11.9	11.2	11.0	11.1	11.3	56.5	3192.25	638.95
A_4	11.4	10.7	10.9	11.3	11.7	56.0	3136.00	627.84
計						218.0	11896.50	2381.48

表 2.4 例題 2.1 の分散分析表

要因	平方和	自由度	平均平方	F 統計量	非心度
処理	$S_H = 3.10$	3	1.03	7.58^{**}	$\gamma\,(2.12)$
誤差	$S_e = 2.18$	16	$\hat{\sigma}^2 = 0.136\,(2.10)$		
計	$S_T = 5.28$	19			

$$S_T = 2381.48 - \frac{218.0^2}{20} = 5.28$$

$$S_e = 2381.48 - \left(\frac{51.5^2}{5} + \frac{54.0^2}{5} + \frac{56.5^2}{5} + \frac{56.0^2}{5}\right) = 2.18$$

$$S_H = S_T - S_e = 5.28 - 2.18 = 3.10$$

が得られる．これから検定統計量 (2.11) が

$$F = \frac{3.10/(4-1)}{2.18/(20-4)} = 7.58^{**}$$

と得られる．$F_{3,16}(0.01) = 5.29$ なので，この実現値は高度に有意である．以上の結果は分散分析表 2.4 にまとめられる．

さて，検定の結果は高度に有意となったが，それだけでは実際にどの処理を選択すべきかという本来の問いには答えていない．とりあえず，A_3 の処理平均が最大だが，A_4 もそれに近い．これらは操作条件その他も加味して選択すべきではなかろうか．A_2 は本当に考慮外でよいのだろうか．これらの問いに答えるのが 2.2 節の多重比較法である．このデータ

への適用は例題 2.3 で行っている.

補足 2.1 等分散性の検定について

上で述べた平均の一様性検定では, 分散については等分散性を仮定している. 分散の一様性検定としては, Bartlett の検定, Hartley の検定, Cochran の検定などが勧められている. しかしながら, 本節で述べた F 検定は 1.3.1 項で説明した t 検定と同様, 漸近的にノンパラメトリックな一様性検定と一致し, 不等分散に対しても頑健である. そこでこれらの検定についてここでは深入りしない. むしろ, 前提条件のチェックとしては Smirnov and Grubbs 検定や, Box plot による外れ値の検討の方が有用に思われる.

2.1.2 ノンパラメトリックな方法

ここでは 2 標本問題の Wilcoxon の順位和検定 (1.3.2 項および 1.3.3 項) に対応する Kruskal and Wallis 検定について述べる. 本来, 順位データに対応する手法であるが, 順序分類データにも用いることができる. 記法は表 1.8 にならうが, 多水準なので $i = 1, \ldots, a$ とする. 第 j カテゴリの C_j 人には同じスコア (平均順位)

$$\omega_j = C_1 + \cdots + C_{j-1} + \frac{C_j + 1}{2}, \qquad j = 1, \ldots, J, \tag{2.13}$$

が付与される. この式は式 (1.33) と同じなので説明を要しないだろう. タイがない場合は $J = n_1 + \cdots + n_a$, $C_1 = \cdots = C_J = 1$ となっている. 第 j カテゴリの各処理の頻度は y_{ij} だから, 第 i 水準がそれぞれ獲得した総順位 (順位和) は

$$W_i = \sum_{j=1}^{J} (\omega_j y_{ij}), \qquad i = 1, \ldots, a,$$

となる. この式も式 (1.34) と同じと理解されるだろう. その期待値と分散は式 (1.37) と (1.38) に対応して

$$E(W_i) = \frac{n_i}{n}\sum_j(\omega_j C_j), \qquad i = 1, \ldots, a,$$
$$V(W_i) = \frac{n_i(n-n_i)}{(n-1)}\sigma_\omega^2$$

と得られる．ただし，$n = n_1 + \cdots + n_a$,

$$\sigma_\omega^2 = \frac{1}{n}\left[\sum_j(\omega_j^2 C_j) - \frac{1}{n}\left\{\sum_j(\omega_j C_j)\right\}^2\right] \tag{2.14}$$

である．これから一様性の帰無仮説の下で漸近的に自由度 $(a-1)$ の χ^2 分布に従う検定統計量

$$W^2 = \frac{1}{\sigma_\omega^2}\left[\sum_i \frac{W_i^2}{n_i} - \frac{1}{n}\left\{\sum_j(\omega_j C_j)\right\}^2\right] \times \frac{n-1}{n} \tag{2.15}$$

が得られる．この検定を Kruskal and Wallis 検定と呼ぶ．この式は $a = 2$ の場合，式 (1.39) の二乗と一致する．右辺最後の $(n-1)/n$ は1と簡略化しても大きな影響はない．

【例題 2.2】 Kruskal and Wallis 検定の例題 2.1 への適用

表 2.3 のデータを順位データに直し，表 1.8 の形式で表すと表 2.5 のようになる．表中には検定統計量の計算に必要な数値も与えている．タイがあるためにカテゴリ数は $n = 20$ ではなく，$J = 14$ となっている．計算過程は表 2.5 に与えた．表中に与えた数値から式 (2.15) が

$$W^2 = \frac{1}{33.05}\left\{\frac{20.5^2 + 41.5^2 + 78^2 + 70^2}{5} - \frac{1}{20} \times 210^2\right\} \times \frac{19}{20} = 12.08^{**}$$

のように得られる．これを自由度3の χ^2 分布で評価した結果は高度に有意であり，例題 2.1 の F 検定とよく対応した結果になる．これも F 検定が漸近的にノンパラメトリック検定に一致するからである．

表 2.5 Kruskal and Wallis 検定統計量の計算

処理	順位 j														計
	1	2	3	4	5	6	7	8	9	10	11	12	13	14	
A_1	1	1	1		1	1									5
A_2				1	1	1	1	1							5
A_3								1	1	1	1			1	5
A_4					1		1				1	1	1		5
C_j	1	1	1	1	3	2	2	2	1	1	2	1	1	1	20
ω_j (2.13)	1	2	3	4	6	8.5	10.5	12.5	14	15	16.5	18	19	20	
$\omega_j y_{1j}$	1	2	3	0	6	8.5	0	0	0	0	0	0	0	0	20.5
$\omega_j y_{2j}$	0	0	0	4	6	8.5	10.5	12.5	0	0	0	0	0	0	41.5
$\omega_j y_{3j}$	0	0	0	0	0	0	0	12.5	14	15	16.5	0	0	20	78
$\omega_j y_{4j}$	0	0	0	0	6	0	10.5	0	0	0	16.5	18	19	0	70
$\omega_j C_j$	1	2	3	4	18	17	21	25	14	15	33	18	19	20	210
$\omega_j^2 C_j$	1	4	9	16	108	144.5	220.5	312.5	196	225	544.5	324	361	400	2866

$$\sigma_\omega^2 = 20^{-1}\{2866 - 20^{-1}(210)^2\} = 33.05 \, (2.14)$$

2.2　多重比較法

1980年代半ば，我が国から米国FDA (Food and Drug Administration)への新薬許認可申請がことごとく却下されるというセンセーショナルな事件が発生した．偽陽性をもたらす様々な多重性を無視した解析が咎められた結果であったが，当時日本はその問題について皆目無知であった．ここで偽陽性とは，さして有用性のない新薬を，様々な後知恵解析であたかも有用であるかのごとく見せることを言う．その諸問題として，多種検定，事後層別解析，経時測定データの中間解析，順序分類データ尺度合わせ，多重比較などが含まれる．これらの解説は広津(2018)に与えているので，ここでは純粋に統計的問題である多重比較法について述べる．

すでに述べたように一様性検定は，実際に知りたい個々の比較については何も教えてくれない．そこで当時行われていたのは処理1と2，1と3，…，$a-1$とaの2標本t検定を有意水準0.05のまま繰り返すことであった．危険率0.05の検定を繰り返せば，誤りを犯す確率が所与の値より増大し，偽陽性をもたらすことは自明である．と言っても当時は実際にそれが行われていたのである．この，すべての対比較を有意水準αを保って行うTukeyの多重比較法は2.2.2項(2)で述べるが，最初に一般論として比較のクラスを限定しない方法の中で重要なBonferroni法，Holm法，および閉手順方式について述べておく．次に2.2.2項において処理平均の比較パターンを限定する方法としてTukey法，および，常にそれと対比されるScheffé法について述べる．このクラスには他にも，対照との比較に限定するDunnett法，用量反応解析で用いられるWilliams法などがよくテキストで説明されている．しかしながら，複数の被験薬を対照薬と比較するDunnett法の設定はそれほど一般的ではなく，そのケースではむしろ対照としてプラセボを含む用量反応解析の方が一般的と思われる．そこで用いられる方法が順序制約付最尤法に基づくWilliams法ということになるが，それよりは2.3節のmax acc. $t1$法が極めて簡便で効率の良い方法を与える．本書は手法を網羅的に説明するより，有用な手法に重点を置き，メリハリのある解説を主眼としているので，Dunnett法，

Williams 法の 2 法については他書に譲りページを割かないことにする．

2.2.1　対比のクラスを限定しない一般的な方法

(1)　Bonferroni 法

今，検定したい仮説の数を k とし，$H_1, \ldots, H_k$ で表す．ただし，どの仮説 H_i も他の仮説 H_j の共通集合として表せないという意味で最小の仮説集合とする．たとえば a 処理についてすべての対比較を考えるなら，$k = \binom{a}{2}$ である．$a = 3$ の例で言えば $H_{12} : \mu_1 = \mu_2$, $H_{13} : \mu_1 = \mu_3$, $H_{23} : \mu_2 = \mu_3$ はどれも他の共通集合では表せないので最小仮説集合に属するが，$H_{123} : \mu_1 = \mu_2 = \mu_3$ はたとえば H_{12} と H_{13} の共通集合として表せるので最小仮説集合には属さない．ここで，$H_1, \ldots, H_k$ がすべて真であるときに，少なくとも 1 個の仮説を棄却してしまう確率が有意水準 α，またはそれ以下となるように個々の仮説の棄却域 $R_1, \ldots, R_k$ を構成したい．このとき，

$$\Pr(R_j | H_j) \leq \frac{\alpha}{k} \tag{2.16}$$

となるように棄却域 $R_j, j = 1, \ldots, k$, を定めるのが Bonferroni 法である．この正当性は基本的な Bonferroni の確率不等式により以下のように示される，

$$\begin{aligned} \Pr(R_1 \cup \cdots \cup R_k | H_1 \cap \cdots \cap H_k) &\leq \sum_{j=1}^{k} \Pr(R_j | H_1 \cap \cdots \cap H_k) \qquad (2.17) \\ &\leq \sum_{j=1}^{k} \Pr(R_j | H_j) \leq k \times \frac{\alpha}{k} = \alpha. \end{aligned}$$

ここで記号 $\cap$ はすでに 1.4 節で登場している積集合を表す．記号 $\cup$ は「または (or)」を表し，和集合を指す．平たく言えば，和集合は「少なくともどれか一つは成り立つ」ことを意味し，積集合は「すべてが同時に成り立つ」ことを意味する．またここでの縦棒の後ろは，確率を規定する仮説モデルを表す．確率計算の条件という意味では 1.3.3 項の条件付け変数

と同じことである．したがって，式 (2.17) の第1式は $H_1, \ldots, H_k$ がすべて真であるときに，少なくともそのうち1個の仮説が棄却される確率を表している．最初の不等式は，和集合の確率は各集合の確率の和以下であるという Bonferroni の不等式に他ならない．次の不等式は確率を定める条件を緩めているので確率が増えるからであり，最後の式は式 (2.16) による．つまり，棄却域 (2.16) によって，真である仮説の少なくとも1個を棄却してしまう確率が正しく有意水準 α で押さえられたことになる．

次に，棄却域 R_j は例によって，統計量 T_j によって $R_j : T_j > c_j$ の形で与えられるとする．このとき，多重比較の設定でも，帰無仮説 H_j の下で，T_j が実現値 t_j より大きな値を取る確率

$$\hat{\alpha}_j(t_j) = \Pr(T_j \geq t_j | H_j)$$

を p 値（有意確率）と呼ぶ．p 値が，$\hat{\alpha}_j(t_j) \leq \alpha/k$ を満たすとき H_j を棄却する方式は，式 (2.16) を満たす棄却域を与える．

たとえば，$a = 3$ の対比較では3通りの比較を有意水準 $\alpha/3$ で行えばよいというのが Bonferroni 法である．a が大きいときに，これは相当保守的に思えるだろう．そこで検出力を高める様々な方法が研究されている．

(2) Holm 法

Bonferroni 法は対比の種類に制約がなく幅広く使える方法であるが，とくに要素間に相関があるときなど，かなり保守的になっている．実際，最大の統計量は有意水準 α/k で検定するにしても，2番目以下については条件を緩めることはできないだろうか．それに応える一つの方法が以下の Holm 法 (Holm, 1976) である．

p 値を大きさの順に並べたものを $\hat{\alpha}_{(1)} \leq \cdots \leq \hat{\alpha}_{(k)}$ とし，それに対応する仮説を $H_{(1)}, \ldots, H_{(k)}$ で表す．今，$\hat{\alpha}_{(j)} > \alpha/(k-j+1)$ となる最小の j を j^* とするとき，$H_{(1)}, \ldots, H_{(j^*-1)}$ を棄却し，$H_{(j^*)}, \ldots, H_{(k)}$ を採択する多重決定方式は，真である仮説 H_j のうち少なくとも1個を棄却する確率が α 以下である．平たく言うと，最小の p 値 $\hat{\alpha}_{(1)}$ を有意水準

α/k で検定し，もし棄却されたら次の p 値 $\hat{\alpha}_{(2)}$ を有意水準 $\alpha/(k-1)$ で検定するということを続け，初めて $\hat{\alpha}_{(j^*)} > \alpha/(k-j^*+1)$ となった時点で $H_{(j^*)}$ 以下のすべての仮説を採択して手順を終える方式は有意水準 α を満たす．この証明は以下のように 2 段階で行われる．

今，k 個のうち真である仮説の数を m とし，それらを一般性を失うことなく $H_1, \ldots, H_m$ とする．このとき，すべての $H_1, \ldots, H_m$ について，同時に採択する確率が $1-\alpha$ 以上であることを示せばよい．第一段階では，不等式 $\Pr(\hat{\alpha}_1 > \alpha/m, \ldots, \hat{\alpha}_m > \alpha/m | H_1 \cap \cdots \cap H_m) \geq 1-\alpha$ を示す．次に第二段階として，$\hat{\alpha}_j > \alpha/m$ を満たすすべての $j = 1, \ldots, m$ について H_j が採択されることを証明すればよい．第一段階は

$$\begin{aligned}
&\Pr\left(\hat{\alpha}_1 > \frac{\alpha}{m}, \ldots, \hat{\alpha}_m > \frac{\alpha}{m} \middle| H_1 \cap \cdots \cap H_m\right) \\
&\quad = 1 - \Pr\left(\hat{\alpha}_1 \leq \frac{\alpha}{m}, \text{or}\, \hat{\alpha}_2 \leq \frac{\alpha}{m}, \text{or} \ldots, \text{or}\, \hat{\alpha}_m \leq \frac{\alpha}{m} \middle| H_1 \cap \cdots \cap H_m\right) \\
&\quad \geq 1 - \sum_{j=1}^{m} \Pr\left(\hat{\alpha}_j \leq \frac{\alpha}{m} \middle| H_1 \cap \cdots \cap H_m\right) = 1 - m \times \frac{\alpha}{m} = 1 - \alpha
\end{aligned}$$

によって示される．最後から 2 番目の等式は $\hat{\alpha}_j$ の帰無仮説の下での分布が一様分布であることによる．ところが，事象 $\hat{\alpha}_j > \alpha/m,\ j = 1, \ldots, m,$ は少なくとも大きい方から順に，$\hat{\alpha}_{(k)}, \ldots, \hat{\alpha}_{(k-m+1)}$ が α/m より大なることを意味し，

$$\hat{\alpha}_{(k-m+1)} > \frac{\alpha}{m} = \frac{\alpha}{k-(k-m+1)+1}$$

であることから，Holm の検定手順は $(k-m+1)$ 時点ではすでに停止しているはずである．このことは，ある仮説 H_j が棄却されるためには少なくとも $\hat{\alpha}_j \leq \alpha/(m+1)$ であることが必要であり，$\hat{\alpha}_j > \alpha/m$ となるすべての $j = 1, \ldots, m$ について H_j が採択されることを意味する．

Holm の方法はすべての $\hat{\alpha}_j$ を一律に α/k と比較する Bonferroni の方法より明らかに優れているが，$H_1, \ldots, H_m$ に論理的な包含関係があるときにはさらに改善が可能である．たとえば，$a = 3$ の対比較で，$H_{12} : \mu_1 = \mu_2$ が成り立たないとすると，残った仮説 $H_{13} : \mu_1 = \mu_3$ と $H_{23} : \mu_2 = \mu_3$ は同時には成り立たない．そこで，H_{13} と H_{23} については有意

水準を$\alpha/2$に調整することなく，αで検定できる．このような改良には Shaffer (1986) や Holland and Copenhaver (1987) がある．

(3) 閉手順方式

すでに述べた通り，興味のある仮説集合に限定して適切な検定統計量を選択する方が当然，オムニバスな Bonferroni の方法より効率の良い方法を構成できる．それらについては 2.2.2 項以下で述べるが，その場合にも複数の検定を有意水準の調整なしに効率良く遂行できる場合がある．実は，すでに 1.4 節の多重決定方式で用いた閉手順方式がそれである．

ある仮説集合において，要素集合のあらゆる共通集合に対しそれぞれ有意水準αの検定φを対応させる．たとえば，$a=3$の対比較なら，$H_{12}: \mu_1=\mu_2, H_{13}: \mu_1=\mu_3, H_{23}: \mu_2=\mu_3$とそれらの共通集合で定義される$H_{123}: \mu_1=\mu_2=\mu_3$に対して，それぞれ有意水準$\alpha$の検定を対応させる．このとき，任意の仮説$H_\beta$はそれに含まれるすべての帰無仮説が棄却されたときのみφ_βを用いて検定されるものとすると，それは有意水準αの多重検定方式となる．たとえば，$a=3$の対比較で言うと，H_{12}, H_{13}, H_{23}はそれらに含まれるH_{123}が棄却されたときのみ，有意水準αの調整なしに検定できる．H_{123}が棄却されなければ，仮説$\mu_1=\mu_2=\mu_3$を採択して，手順を終える．

この手順の正当性証明 (Marcus et al., 1976) は意外にあっさりしている．まず，事象A, Bを次のように定義する．

A: 任意の真である帰無仮説ω_βが棄却される．

B: 真である帰無仮説の共通集合ω_τがφ_τによって棄却される．

仮定により，ω_βが棄却されるためには，ω_τが棄却されていないといけないので，AならBである（AはBに含まれる）．つまり，$A\cap B=A$である．ところが，検定φの有意水準はαだから，$P(A)$を事象Aの確率として

$$P(A)=P(A\cap B)=P(B)\times P(A|B)\leq \alpha\times 1=\alpha$$

が成立する．ここで，条件付確率 $P(A|B)$ は事象 A, B の如何に関わらず，常に 1 以下であることに注意する．これで，任意の真である帰無仮説 ω_β が棄却される確率 $P(A)$ が α 以下であることが確かめられた．この応用例については 1.4 節の非劣性検証や例題 2.4 を参照されたい．

2.2.2 対比のクラスを限定する方法

(1) Scheffé の多重比較法

このクラスの多重比較法は本来，対比較や，対照との比較などに限定して検出力を高める方法であるが，Scheffé 法はすべての対比

$$l_1\mu_1 + l_2\mu_2 + \cdots + l_a\mu_a, \tag{2.18}$$

$$l_1 + l_2 + \cdots + l_a = 0, \tag{2.19}$$

を対象とするので，検出力は実質的に F 検定と同等である．ここで，係数 l_i が式 (2.19) の条件を満たす μ_i の線形和 (2.18) を対比と呼ぶが，それは式 (2.2) に例示した $\mu_1 - \mu_2$，$\mu_1 - \mu_3$，$(\mu_1 + \mu_2)/2 - \mu_3$ などのように，処理平均間の何らかの差を表す量である．これら対比のクラスに制限を設けず，あらゆる対比を対象とするのが，Scheffé の多重比較法である．今，対比ベクトル $\boldsymbol{l} = (l_1, l_2, \ldots, l_a)'$，および平均ベクトル $\boldsymbol{\mu} = (\mu_1, \mu_2, \ldots, \mu_a)'$ を定義すると線形和 (2.18) は $\boldsymbol{l}'\boldsymbol{\mu}$ と表せ，その最良推定量は $\boldsymbol{l}'\hat{\boldsymbol{\mu}} = \boldsymbol{l}'\bar{\boldsymbol{y}}, \bar{\boldsymbol{y}} = (\bar{y}_{1\cdot}, \ldots, \bar{y}_{a\cdot})'$，で与えられる．$\boldsymbol{l}'(\hat{\boldsymbol{\mu}} - \boldsymbol{\mu})$ の分散は

$$V\{\boldsymbol{l}'(\hat{\boldsymbol{\mu}} - \boldsymbol{\mu})\} = \frac{l_1^2\sigma^2}{n_1} + \cdots + \frac{l_a^2\sigma^2}{n_a} \tag{2.20}$$

なので，規準化統計量は $\boldsymbol{l}'(\hat{\boldsymbol{\mu}} - \boldsymbol{\mu})/\sqrt{l_1^2\sigma^2/n_1 + \cdots + l_a^2\sigma^2/n_a}$ となる．そこで，式 (2.20) 右辺の σ^2 を不偏分散 (2.10) で置き換えた分散の推定量を $\hat{V}(\boldsymbol{l}'\hat{\boldsymbol{\mu}})$ として，t 統計量が

$$t_l = \frac{\boldsymbol{l}'(\hat{\boldsymbol{\mu}} - \boldsymbol{\mu})}{\sqrt{\hat{V}(\boldsymbol{l}'\hat{\boldsymbol{\mu}})}} \tag{2.21}$$

のように構成される．式 (2.21) 右辺分子を

$$\boldsymbol{l}'\mathrm{diag}\left(n_i^{-1/2}\right) \times \mathrm{diag}\left(n_i^{1/2}\right)\{\bar{\boldsymbol{y}} - \bar{y}_{\cdot\cdot}\boldsymbol{j} - (\boldsymbol{\mu} - \bar{\mu}_{\cdot}\boldsymbol{j})\}$$

と書き換えてから，t_l^2 に Schwarz の不等式を適用すると，

$$t_l^2 \leq \sum_i \frac{l_i^2}{n_i} \times \frac{\sum_i [n_i\{\bar{y}_{i\cdot} - \bar{y}_{\cdot\cdot} - (\mu_i - \bar{\mu}_{\cdot})\}^2]}{\hat{V}(\boldsymbol{l}'\hat{\boldsymbol{\mu}})}$$

が得られる．$\boldsymbol{l}'\boldsymbol{j} = 0$ なので，$\bar{y}_{\cdot\cdot}\boldsymbol{j}$ や $\bar{\mu}_{\cdot}\boldsymbol{j}$ の項を付け加えても分子は不変なのである．一方，

$$\hat{V}(\boldsymbol{l}'\hat{\boldsymbol{\mu}}) = \left(\frac{l_1^2}{n_1} + \cdots + \frac{l_a^2}{n_a}\right)\hat{\sigma}^2$$

なので，$\sum_i (l_i^2/n_i)$ が分母と分子で相殺し，

$$\begin{aligned} t_l^2 &\leq (a-1) \times \frac{\sum_i [n_i\{\bar{y}_{i\cdot} - \bar{y}_{\cdot\cdot} - (\mu_i - \bar{\mu}_{\cdot})\}^2]/(a-1)}{\hat{\sigma}^2} \\ &= (a-1)F_{a-1,n-a} \end{aligned}$$

と変形できる．つまり，任意の対比について t_l^2 が $(a-1) \times F$ 統計量 $F_{a-1,n-a}$ で上から押さえられることが分かる．ただし，式 (2.11) では帰無仮説の下なので $\mu_i - \bar{\mu}_{\cdot} = 0$ となっているのに対し，本項では対立仮説の下で考えているので平均を調整していることに注意する．結局，任意の対比 $\boldsymbol{l}'\boldsymbol{\mu}$ について有意水準 $1-\alpha$ の同時信頼区間が

$$\boldsymbol{l}'\boldsymbol{\mu} \sim \boldsymbol{l}'\bar{\boldsymbol{y}} \pm \sqrt{(a-1)F_{a-1,n-a}(\alpha) \times \hat{V}(\boldsymbol{l}'\hat{\boldsymbol{\mu}})} \tag{2.22}$$

と得られる．この適用例は次の Tukey 法との比較を兼ねて，例題 2.3 で与える．

(2) Tukey の多重比較法（すべての対比較）

初等的にはどうしても対比較が分かりやすいし，手軽である．そこで，帰無仮説

$$H_{ii'} : \mu_i - \mu_{i'} = 0, \qquad i, i' = 1, \ldots, a \ (i \neq i'), \tag{2.23}$$

を，対立仮説

K : 少なくとも 1 個の対に対して等号が成り立たない

に対して検定する方式を構成する．その反転から，すべての対の差 $\mu_i - \mu_{i'}$ に対する同時信頼区間が得られる．ここで注意すべきは，帰無仮説 (2.23) は結局，一様性の帰無仮説 (2.3) と同値なことである．異なるのは，一様性検定ではどの方向も特別視することなく，一様に検出力の高い検定法を採るのに対し，ここでは，対比較 $H_{ii'}$ に関してとくに検出力を高めようという趣旨だけである．そこで検定統計量として，

$$\max_{i,i'=1,\ldots,a} t_{ii'}, \qquad t_{ii'} = \frac{\bar{y}_{i\cdot} - \bar{y}_{i'\cdot}}{\sqrt{(1/n_i + 1/n_{i'})\hat{\sigma}^2}}, \tag{2.24}$$

を採用するのが Tukey 法である．すべての繰返し数が等しいとき，この $\sqrt{2}$ 倍，すなわち $\sqrt{2}t_{ii'}$ の帰無仮説 (2.23) の下での分布は Student 化された範囲の分布として知られ，その確率点 $q_{a,n-a}(\alpha)$ は従来数表で与えられてきた．現在では，この Student 化された範囲についても累積確率とパーセント点の計算が keisan でサポートされ，大変便利になっている．その際入力するパラメータとして，「範囲に対する標本サイズ」とは処理数 a，「自由度」は $n-a$ である．さらに，「最大範囲を計算するグループ数」には 1 を入力すればよい．しかもこの計算は有難いことに繰返し数が等しくないときにも，保守的，かつ極めて精度の良い近似を与えることが分かっている．なお，Tukey 法はすべての繰返し数が等しいとき，一般の対比 $\boldsymbol{l}'\boldsymbol{\mu}$ に拡張して適用することができる．それには，n は総例数に用いているので繰返し数を m として，

$$\boldsymbol{l}'\boldsymbol{\mu} \sim \boldsymbol{l}'\bar{\boldsymbol{y}} \pm (2\sqrt{m})^{-1}(|l_1| + \cdots + |l_a|)\hat{\sigma} \times q_{a,n-a}(\alpha) \tag{2.25}$$

とすればよい．証明は広津 (1976) にある．

【例題 2.3】　例題 2.1 のデータへの Scheffé および Tukey 法の適用

すべての対比較 $\mu_i - \mu_{i'}$，および 3 種の一般の対比 $c_1 = (\mu_2 + \mu_3 + \mu_4)/3 - \mu_1, c_2 = (\mu_3 + \mu_4)/2 - (\mu_1 + \mu_2)/2, c_3 = \mu_4 - (\mu_1 + \mu_2 + \mu_3)/3$ に

表 2.6　Scheffé 法と Tukey 法による同時信頼区間

対比	点推定値	Tukey		Scheffé	
		下限	上限	下限	上限
$\mu_2 - \mu_1$	0.5	−0.168	1.168	−0.228	1.228
$\mu_3 - \mu_1$	1.0	0.332	1.668	0.272	1.728
$\mu_4 - \mu_1$	0.9	0.232	1.568	0.172	1.628
$\mu_3 - \mu_2$	0.5	−0.168	1.168	−0.228	1.228
$\mu_4 - \mu_2$	0.4	−0.268	1.068	−0.328	1.128
$\mu_4 - \mu_3$	−0.1	−0.768	0.568	−0.828	0.628
c_1	0.8	0.132	1.468	0.206	1.394
c_2	0.7	0.032	1.368	0.186	1.214
c_3	0.4	−0.268	1.068	−0.194	0.994

ついて Scheffé および Tukey 法による同時信頼区間を計算してみる．$a = 4, n_i \equiv m = 5$，$q_{4,16}(0.05) = 4.046$，$F_{3,16}(0.05) = 3.24$ が分かるので，あとは式 (2.22) および (2.25) にデータとこれらの数値を代入するだけである．結果は表 2.6 のようになる．明らかに対比較では Tukey 法，一般の対比 c_i では Scheffé 法が精度が良く，狭い信頼区間を与えている．

肝心のデータ解析としては，$\mu_3 - \mu_1$, $\mu_4 - \mu_1$, c_1, c_2 の信頼下限が有意に 0 を上回ること，すなわち，何らかの形で μ_3, μ_4 と μ_1 の間の差を含む信頼下限が 0 を上回ることが注目される．これで明快なのは処理 3，4 が処理 1 より有意に優れていることであり，処理 3，4 の間には明確な差は見られない．これら 2 処理については比較検討を続ける必要がある．

2.3　傾向性仮説と変化点モデル

2.1 節の総括的な一様性検定では，データの構造は何も分からないことから，2.2 節ではより仮説を制限した多重比較法について述べた．本節ではそれとは異なる視点で，処理水準に自然な順序があるときに，単調性や凸性変化のように変化パターンを特定することにより推測効率を上げる方式について述べる．単調性は 1960 年代に Bartholomew が一連の論文で正規分布モデルに対し “test of homogeneity for ordered alternatives” の理論を展開し，いわゆる 4B の本 (Barlow, Bartholomew, Bremner and Brunk, 1972) で一気に注目を浴びた．その後も精力的に研究されたが，手法は制約付最尤法であり理論，計算ともに難解なため，離散データや，2 元配置交互作用解析への系統的な発展は見られなかった．また，スタートはやや直感的で，最適性の議論から出発したものでもなかった．

一方，日本にも田口により独自に展開された累積法があったが，長く数理的な説明がなされなかったため田口流実験計画法の中に留まり，数理統計のグループに広く伝わることはなかった．累積法の数理的側面の扉を開き，その研究を促したのは竹内の簡単な論文（竹内，1973b）であった．その後，傾向性仮説と累積和の関係が明らかにされ，累積和の持つマルコフ性から確率計算の効率の良い方法が開発され，極めて簡便で有効な統計手法に整備された．とくに，単調性と段差変化点モデルの関係が明らかにされて累積和の役割と有用性が明確化されるとともに，単に単調性の検定というより，同時に単調増大傾向が強まる変化点を示唆する max acc. t 法が発展させられた（Hirotsu, 1982; Hirotsu et al., 1992; Hirotsu and Marumo, 2002 など）．以下順次述べていくが，すでに 1.3.3 項 (2) で述べた最大 χ^2 法もその一環である．

このアプローチには次のような特長がある．

1. 単調性，凸性，S 字性といった傾向性仮説に，それぞれ段差変化点，スロープ変化点，変曲点モデルが対応し，それぞれの傾向性の強まる変化点が示唆される．
2. 単調性，凸性，S 字性それぞれに対し，基本統計量として累積和，2 重累積和，3 重累積和が導かれ，累積和の持つマルコフ性から効率の良い一貫した確率計算の方法が得られる．
3. 正規分布に限らず，Poisson 分布，2 項分布，分割表を含む指数分布族に共通のアルゴリズムが提案される．
4. 1 元配置のみならず，2 元配置交互作用解析にも系統的拡張が可能である．
5. max acc. t 法の他に，それぞれの場合に総括的適合度検定として極めて検出力の高い累積 χ^2 法が提案される.

単調性は数理的には相続く2個のデータの差,すなわち差分がすべて0以上で定義される.そこで直観的には,単調性検定のための統計量は差分を基に構成し,同様に凹性のための検定統計量は2階差分を基に構成すればよいように思える.実際,その方向で研究を進めた人達もいる.ところが面白いことに,実際は以下に述べるようにそれらを反転した累積和が単調性をよく判別し,2重累積和が凹凸をよく判別する.なお,広津(1976)では,これらの研究の初期段階で様々な指向性検定統計量の棄却域を図示するなど,試行錯誤を繰り返しているので参考にして欲しい.

2.3.1　傾向性仮説と変化点モデルの関係

2.1節の正規分布モデル(2.1)で考え,そこと同じく一様性の帰無仮説(2.3)を想定する.異なるのはとくに興味ある方向を指定した対立仮説であり,まず最初に単調性仮説

$$H_2 : \mu_1 \le \mu_2 \le \cdots \le \mu_a \tag{2.26}$$

を想定する.式(2.26)は処理水準に応じて平均が単調増大(非減少)であることを意味する.これは,従属変数を用いた回帰式を想定するよりははるかに緩い仮定で受け容れやすい.増減の方向が未知の場合は

$$H_3 : \mu_1 \le \mu_2 \le \cdots \le \mu_a \quad \text{または} \quad \mu_1 \ge \mu_2 \ge \cdots \ge \mu_a \tag{2.27}$$

のように多次元両側仮説を想定することもある.帰無仮説の下での有意水準を所与の値に保ちながら,H_2 や H_3 の方向の乖離に対し検出力を高めるのが目的である.もちろん式(2.26)と(2.27)において少なくとも1個の不等号は厳密とする.すべて等号の場合は一様性の帰無仮説を表す.

これらの制約を満たすベクトル $\boldsymbol{\mu} = (\mu_1, \mu_2, \ldots, \mu_a)'$ の中にもいろいろな可能性があり,そのすべてに対し一様に最強力となる検定は存在しない.なお,行列やベクトルの肩に付したプライム($'$)は転置を表し,すでに1.3.3項で登場している.いくつかの可能性の中で一番自分の問題に

適当と思われる方法を選択することになるが，その拠り所となるのが単調性仮説 (2.26) に対する検定の完全類である．ここで完全類とは，その外側に自分を一様に上回るような検定が存在しない検定の集合である．つまり，完全類の中で適切な検定を探せばよいことになり，探索の範囲が大幅に狭まる．具体的に完全類を定義するには最小限の行列の知識を要する．まず，ベクトル $\boldsymbol{\mu}$ は正規分布に限らず，一般の指数分布族の期待値パラメータとする．これによって，Poisson 分布，2 項分布，分割表を区別なく扱うことができる．対立仮説 (2.26) はより一般に

$$A'\boldsymbol{\mu} \geq \mathbf{0} \tag{2.28}$$

とすることによって，単調性の他，凸性，S 字性などを統一的に扱うことができる．ベクトルの不等号はベクトルの各要素ごとの不等号であり，少なくとも 1 個の不等号は厳密とする．単調性仮説 (2.26) は数学的には

$$\boldsymbol{A}' = \boldsymbol{D}_a' = \begin{bmatrix} -1 & 1 & 0 & 0 & \cdots & 0 & 0 \\ 0 & -1 & 1 & 0 & \cdots & 0 & 0 \\ & & & & \vdots & & \\ 0 & 0 & 0 & 0 & \cdots & -1 & 1 \end{bmatrix}_{(a-1)\times a} \tag{2.29}$$

を考えればよい．このとき式 (2.28) は相続く 2 個のデータの差が常に非負を意味し，全体として上昇傾向が続いていることを示す．帰無仮説は $\boldsymbol{D}_a'\boldsymbol{\mu} = \mathbf{0}$ で表され，それは一様性の帰無仮説 $\mu_1 = \cdots = \mu_a$ と同値である．

完全類の表現にはいろいろあるが，分かりやすいのはむしろ指数分布族に一般化した次の形だろう．今，正規分布など特別な分布に関わらず，指数分布族に従う確率変数を $\boldsymbol{z} = (z_1, z_2, \ldots, z_a)'$ とし，期待値パラメータを $\boldsymbol{\theta} = (\theta_1, \theta_2, \ldots, \theta_a)'$ とすると，指数分布族の密度関数は

$$L(\boldsymbol{z}, \boldsymbol{\theta}) = \prod_{i=1}^{a} \{b(\theta_i)c(z_i)\exp(\theta_i z_i)\} \tag{2.30}$$

と表される．このとき，期待値パラメータ $\boldsymbol{\theta}$ に関する傾向性仮説

$$K : \boldsymbol{A}'\boldsymbol{\theta} \geq \boldsymbol{0} \tag{2.31}$$

に対する検定の完全類はベクトル

$$(\boldsymbol{A}'\boldsymbol{A})^{-1}\boldsymbol{A}'\boldsymbol{z} \tag{2.32}$$

の各要素について単調増大な統計量から構成される．つまり，傾向性仮説 (2.31) の検定を構成するのに $(\boldsymbol{A}'\boldsymbol{A})^{-1}\boldsymbol{A}'\boldsymbol{z}$ が key vector となる．この証明は Hirotsu(1982) を参照されたい．この論文は一連の傾向性仮説検定の基となった論文である．

先に述べたように，この理論は正規分布，Poisson 分布，2 項分布，分割表に同じように適用できる．たとえば，式 (2.1) の正規分布の場合に実際に確率密度を書き下すと，

$$\begin{aligned}
&\prod_{i=1}^{a}\prod_{j=1}^{n_i}\left[(\sqrt{2\pi\sigma^2})^{-1}\exp\left\{-\frac{(y_{ij}-\mu_i)^2}{2\sigma^2}\right\}\right] \\
&\quad = \left[(2\pi\sigma^2)^{-n/2}\exp\left\{-\frac{\sum_i(n_i\mu_i^2)}{2\sigma^2}\right\}\right. \\
&\qquad\quad \left.\times\exp\left(-\frac{\sum_i\sum_j y_{ij}^2}{2\sigma^2}\right)\times\exp\left\{\frac{\sum_i(\mu_i\, y_{i\cdot})}{\sigma^2}\right\}\right]
\end{aligned}$$

となり，この式は $\theta_i = \mu_i, z_i = y_{i\cdot}$ として式 (2.30) に対応している．厳密に言うと正規分布モデルには攪乱母数 σ^2 があることで若干形式が異なるが，相似検定ではその十分統計量による条件付検定を構成するため単に既知定数と見なし無視してよい．そこで，key vector には $\boldsymbol{z} = (y_{1\cdot}, y_{2\cdot}, \ldots, y_{a\cdot})'$ を代入すればよい．

さて，興味があるのは，key vector (2.32) を構成する係数行列 $(\boldsymbol{A}'\boldsymbol{A})^{-1}\boldsymbol{A}'$ が具体的にどのような形になるかということである．結論から言うと，それは単調性仮説の場合に段差変化点モデルを表し，凸性仮説の場合にスロープ変化点モデルを表し，S 字性仮説の場合に変曲点モデルを表す．すなわち，単なる数式ではなく統計的に意味のあるモデルが対応する．さらに，key vector はこれら 3 種の場合に対して，それぞれ累積

和，2 重累積和，3 重累積和を示唆し，扱いやすく有用な統計手法を生み出すことになる．

(1)　単調性仮説と段差変化点モデル

Key vector の係数行列に $\boldsymbol{A}' = \boldsymbol{D}_a'$ を代入すると，

$$(\boldsymbol{D}_a'\boldsymbol{D}_a)^{-1}\boldsymbol{D}_a' = \frac{1}{a}\begin{bmatrix} -(a-1) & 1 & 1 & \cdots & 1 & 1 \\ -(a-2) & -(a-2) & 2 & \cdots & 2 & 2 \\ & & & \vdots & & \\ -2 & -2 & -2 & \cdots & (a-2) & (a-2) \\ -1 & -1 & -1 & \cdots & -1 & (a-1) \end{bmatrix}_{(a-1)\times a} \tag{2.33}$$

が得られる．面白いことに各行は段差型の変化点モデルを表している．大事なこととして，すべての単調増大性を満たすベクトルは式 (2.33) の行の正係数，一意な線形結合で表せる．つまり，式 (2.33) の各行は単調性を表す基底ベクトルなのである．

単調性というとその定義ですぐ思い浮かぶのは，式 (2.29) の差分行列の方である．ところが，$\boldsymbol{D}_a'\boldsymbol{z}$ はむしろ系統的変動を除去してノイズを取り出す方向の統計量であって，単調性検出には成功しない．単調性とただちに結び付くのは段差型の変化点モデルなのである．数学的に，$(\boldsymbol{D}_a'\boldsymbol{D}_a)^{-1}\boldsymbol{D}_a'$ は $\boldsymbol{D}_a$ の一般逆行列であることも興味を引く．key vector を具体的に求めるには式 (2.33) が

$$(\boldsymbol{D}_a'\boldsymbol{D}_a)^{-1}\boldsymbol{D}_a' = \begin{bmatrix} -1 & 0 & 0 & \cdots & 0 & 0 \\ -1 & -1 & 0 & \cdots & 0 & 0 \\ & & & \vdots & & \\ -1 & -1 & -1 & \cdots & 1 & 1 \end{bmatrix}_{(a-1)\times a} + \frac{1}{a}\begin{bmatrix} 1 \\ 2 \\ \vdots \\ a-1 \end{bmatrix}\boldsymbol{j}_a'$$

と書けることに注意する．すると key vector は

$$(\boldsymbol{D}_a'\boldsymbol{D}_a)^{-1}\boldsymbol{D}_a'\boldsymbol{z} = -\begin{bmatrix} z_1 \\ z_1+z_2 \\ \vdots \\ z_1+z_2+\cdots+z_{a-1} \end{bmatrix} + \frac{1}{a}\begin{bmatrix} z_. \\ 2z_. \\ \vdots \\ (a-1)z_. \end{bmatrix} \tag{2.34}$$

のようになり，さらに重要な事実が判明する．すなわち，式(2.34)右辺第2項を構成する $z_.$ は，攪乱母数である一般平均に対する十分統計量なので，相似検定では定数と考えてよい．つまり，第1項の累積和

$$Z_i = z_1 + z_2 + \cdots + z_i, \qquad i = 1, \ldots, a-1,$$

こそが単調性を議論するための基本統計量である．これこそが1.3.3項(2)の最大 χ^2 法の理論的根拠であり，そこで累積和 Y_{1j} が本質的役割を果たしていたことを思い出して欲しい．

(2) 凸性仮説とスロープ変化点モデル

単調性仮説の $\boldsymbol{D}_a'$ に替わって凸性仮説を定義するのは，2階差分行列

$$\boldsymbol{L}_a' = \begin{bmatrix} 1 & -2 & 1 & 0 & 0 & \cdots & 0 & 0 & 0 \\ 0 & 1 & -2 & 1 & 0 & \cdots & 0 & 0 & 0 \\ \vdots & \vdots & \vdots & \vdots & \ddots & \ddots & \ddots & \vdots & \vdots \\ 0 & 0 & 0 & 0 & 0 & \cdots & 1 & -2 & 1 \end{bmatrix}_{(a-2)\times a}$$

である．凸性仮説とはやや分かりにくい表現であるが，相続く2個の差分を取り，さらにその差分を取った式

$$2\text{階差分}: (\mu_{i+2} - \mu_{i+1}) - (\mu_{i+1} - \mu_i) = \mu_{i+2} - 2\mu_{i+1} + \mu_i$$

が常に（どの i に対しても）正ということは，勾配が増え続けているということだから，下に凸な変化パターンを表すと理解できる（図2.1参照）．

なお，この場合の帰無仮説 $\boldsymbol{L}_a'\boldsymbol{\mu} = \boldsymbol{0}$ は線形回帰モデル $\mu_i = \beta_0 + \beta_1 i$

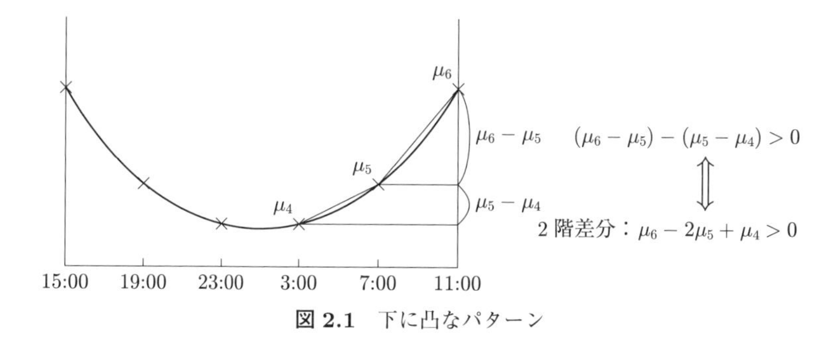

図 2.1　下に凸なパターン

と同値である．さらに面白いことに key vector の係数行列は，スロープ変化点モデルを表す．一般式でも書けるのだが，むしろ $a=5$ の例

$$(\boldsymbol{L}_5'\boldsymbol{L}_5)^{-1}\boldsymbol{L}_5' = \frac{1}{10}\begin{bmatrix} 4 & -4 & -2 & 0 & 2 \\ 4 & -1 & -6 & -1 & 4 \\ 2 & 0 & -2 & -4 & 4 \end{bmatrix} \tag{2.35}$$

が分かりやすい．この式の各行は一旦直線的に下がった後，直線的に上昇するスロープ変化点モデルを表している．それぞれ，第 2，3，4 点が変化点である．これは統計的には下降から上昇に転ずるアップターンを表すモデルとして適切である．この場合も，直接凸性を定義する $\boldsymbol{L}_a'$ はむしろ系統的な変化 (たとえば直線) を除去して，ノイズを抽出する道具であり，検定統計量を構成すべきはアップターンやダウンターンに対応する key vector $(\boldsymbol{L}_a'\boldsymbol{L}_a)^{-1}\boldsymbol{L}_a'\boldsymbol{z}$ なのである．さらに，この場合の key vector の本質的部分は，単調性に対する累積和に対応して，

$$\begin{aligned} 2\text{ 重累積和} : S_i &= Z_1 + Z_2 + \cdots + Z_i \\ &= iz_1 + (i-1)z_2 + (i-2)z_3 + \cdots + 1 \times z_i, \\ &\qquad i = 1, \ldots, a-2, \end{aligned} \tag{2.36}$$

となることが示されるが，導出は Hirotsu (2017) を参照して欲しい．

一連の研究の当初，正規分布で考えていたときにはこの構造に思い至ることなく，key vector の数値表現だけで事足りていた．それは正規分布の場合，漸化式で用いる条件付分布がまた正規分布であるという特殊事情によって，式 (2.36) の構造に頼る必要がなかったのである．単調仮説を対象とするときは条件付け変数が総和だけなので，離散分布の場合も累積和に対して，Poisson 分布には2項分布，2項分布には超幾何分布，分割表には多項超幾何分布というように相性の良い条件付分布を導くことができた．とくに $2 \times J$ 分割表では超幾何分布となり，その例はすでに式 (1.44) に現れている．ところが，凸性問題を扱うときには帰無仮説の下でのモデルが直線回帰であることにより，総和の他に直線回帰式が十分統計量となりその条件付けが必要となったため，皆目未知の世界に突入することになった．正規分布の凸性問題を解決してから10年を経て，式 (2.36) に辿り着いたことにより離散分布を扱うことができるようになった．条件付け分布は既知の形式としては得られないが，2重累積和の2階マルコフ性により，漸化的に正確な条件付け分布を得ることができるようになったのである（2.3.3 項 (3) 参照）．

2.3.2　正規分布に対する累積和法

(1)　max acc. $t1$ 法

表 2.7 は抗生物質 NFLX の半減期（時間）データであり，その用量反応パターンを求めるのが目的である．本来，繰返し数5のバランスの取れた1元配置が計画されたが，25 mg/kg/day のデータ1個 2.14 が Smirnov and Grubbs の検定で外れ値と判定され，不揃いデータとなっている．ここでは本題を優先するため，外れ値解析の詳細については Hirotsu(2017) を参照して欲しい．

さて，この例では用量水準に応じた用量反応解析に興味があり，2.1 節の一様性検定はそれには応えられない．またこの種のデータは下限は0，上限は飽和状態となるので，上下に制限のない直線回帰も極めて不適切である．そこで一つの合理的解析法が単調性のみを仮定する傾向性解析ということになる．それでは，表 2.7 のデータに正規分布モデル (2.1) を想定し，単調性仮説 (2.26) に対する適切な検定を構成しよう．$\boldsymbol{z} = (y_{1\cdot}, y_{2\cdot}, \ldots, y_{a\cdot})'$ に係数行列 $(\boldsymbol{D}_a'\boldsymbol{D}_a)^{-1}\boldsymbol{D}_a'$ を乗じた式 (2.34) の右辺第1項を改めて

表 2.7 NFLX の半減期 (Hirotsu et al., 2011)

用量 (mg/kg/day)	半減期（時間）					計	計の二乗	データ二乗計
5	1.17	1.12	1.07	0.98	1.04	5.38	28.9444	5.8102
10	1.00	1.21	1.24	1.14	1.34	5.93	35.1649	7.0969
25	1.55	1.63	1.49	1.53		6.20	38.4400	9.6204
50	1.21	1.63	1.37	1.50	1.81	7.52	56.5504	11.5240
200	1.78	1.93	1.80	2.07	1.70	9.28	86.1184	17.3082
計						34.31	1177.1761	51.3597

$$Z_i = -(y_{1\cdot} + y_{2\cdot} + \cdots + y_{i\cdot}), \qquad i = 1, \ldots, a-1,$$

と置いた累積和 Z_i について単調増大な統計量を構成すればよい．これらは分散が異なるので規準化が必要であるが，まず十分統計量である総平均を調整した式は

$$Z_i - \{-(n_1 + n_2 + \cdots + n_i)\bar{y}_{\cdot\cdot}\} = (N_i Y_i^* - N_i^* Y_i)/n,$$
$$i = 1, \ldots, a-1, \qquad (2.37)$$

となる．ただし，改めて累積和を $Y_i = y_{1\cdot} + y_{2\cdot} + \cdots + y_{i\cdot}$ と定義し，

$$Y_i^* = y_{\cdot\cdot} - Y_i, \quad n = n_1 + n_2 + \cdots + n_a, \quad N_i = n_1 + n_2 + \cdots + n_i,$$
$$N_i^* = n - N_i$$

としている．ここで式 (2.37) はむしろ

$$\left(\frac{Y_i^*}{N_i^*} - \frac{Y_i}{N_i}\right) \Big/ \frac{n}{N_i N_i^*} \qquad (2.38)$$

と書き直す方が分かりやすい．$Y_i/N_i (= \bar{Y}_i)$ と $Y_i^*/N_i^* (= \bar{Y}_i^*)$ はそれぞれ，第 i 水準までの平均，および第 $i+1$ 水準以降の平均を表すので，式 (2.38) は第 i 水準を境とした上下の平均の差を評価していることになる．式 (2.34) 右辺冒頭の負号に違和感を覚えた読者も多いと思われるが，式 (2.38) のように変形すれば納得されるだろう．これら平均の分散はそれぞれ σ^2/N_i および σ^2/N_i^* なので，最終的に規準化統計量は

$$t_i = \left\{ \left(\frac{1}{N_i} + \frac{1}{N_i^*} \right) \sigma^2 \right\}^{-1/2} (\bar{Y}_i^* - \bar{Y}_i), \qquad i = 1, \ldots, a-1,$$

となる．分散 σ^2 には式 (2.10) の不偏分散 $\hat{\sigma}^2$ を代入し，改めて

$$t_i = \left\{ \left(\frac{1}{N_i} + \frac{1}{N_i^*} \right) \hat{\sigma}^2 \right\}^{-1/2} (\bar{Y}_i^* - \bar{Y}_i), \qquad i = 1, \ldots, a-1, \quad (2.39)$$

と置く．これから作られる単調増大な検定統計量として研究されているのが

$$\text{max acc. } t1 = \max_{i=1,\ldots,a-1} t_i \quad \text{および} \quad \text{累積 } \chi^2 : \chi^{*2} = \sum_{i=1}^{a-1} t_i^2$$

である．累積 χ^2 統計量は t_i の二乗和なので厳密な意味では完全類に属していないが，指向性適合度検定として優れた特性を示し，とくに第4章の2元配置交互作用パターン推測に有用である．そこで，ここでは主に max acc. $t1$ について述べる．max acc. $t1$ とは奇妙なネーミングであるが，規準化最大累積和統計量の意味が込められており，数字の1は凸性検定の $t2$ と区別するためである．単調性仮説推測では Bartholomew 法，そして表2.7のような用量反応解析には Williams 法がよく知られているが，max acc. $t1$ の優位性は何と言っても統計量の簡単さ，および簡便で効率の良い確率計算アルゴリズムにある．その上，最適性の議論に基づいていることにより検出力も優れている．さらに，単調性を表す基底ベクトルを基に構成されているため，検定の反転で得られる同時信頼区間が後述のように極めて良好な性質を持つ．

次に累積和のマルコフ性を使った有意確率計算の公式に進むが，それは離散型2標本問題ですでに登場している式 (1.47) の正規分布版と言うわけである．それでは，max acc. $t1$ 法の棄却域を

$$R: \max_{i=1,\ldots,a-1} t_i > T_\alpha(\boldsymbol{n}, f) \quad (2.40)$$

と置いて，有意確率

$$p = 1 - \Pr(t_1 < t_0, \ldots, t_a < t_0 | t_a, \hat{\sigma}) \tag{2.41}$$

の計算式を導こう．なお，統計量 t_i は $i = a - 1$ までしか定義されていないが，漸化式の記述の便宜上 t_a を用いている．計算の際は条件不等式が常に成り立つよう t_a には $-\infty$ を代入すればよい．また，有意水準 α に対する棄却点を $T_\alpha(\boldsymbol{n}, f)$ と置いているが，もちろん有意確率の計算には必要がない．棄却点は繰返し数 $\boldsymbol{n} = (n_1, \ldots, n_a)'$ と不偏分散 $\hat{\sigma}^2$ の自由度 $f = n - a$ の関数であり，同時信頼区間を構成するときに必要である．

準備として，条件付確率

$$F_i(t_i, t_0 | \hat{\sigma}) = \Pr(t_1 < t_0, \ldots, t_i < t_0 | t_i, \hat{\sigma})$$

を定義する．これをとりあえず $\hat{\sigma}$ を既知定数として t_i の漸化式により更新し，$i = a$ となったところで式 (2.41) に代入すれば，$\hat{\sigma}$ の条件付 p 値が得られる．その漸化式は

$$\begin{aligned} F_{i+1}(t_{i+1}, t_0 | \hat{\sigma}) &= \Pr(t_1 < t_0, \ldots, t_i < t_0, t_{i+1} < t_0 | t_{i+1}, \hat{\sigma}) \\ &= \int_{t_i} \Pr(t_1 < t_0, \ldots, t_i < t_0, t_{i+1} < t_0 | t_i, t_{i+1}, \hat{\sigma}) f_i(t_i | t_{i+1}, \hat{\sigma}) dt_i \end{aligned} \tag{2.42}$$

$$= \begin{cases} \int_{ti} F_i(t_i, t_0 | \hat{\sigma}) f_i(t_i | t_{i+1}, \hat{\sigma}) dt_i & \text{if } t_{i+1} < t_0 \\ 0, & \text{otherwise,} \end{cases} \tag{2.43}$$

で与えられる．式 (2.42) はすでに式 (1.46) でも用いている全確率の定理，式 (2.43) は式 (1.47) に対応し，累積和の持つマルコフ性による．実質的に，

$$F_{i+1}(t_{i+1}, t_0 | \hat{\sigma}) = \int_{t_i} F_i(t_i, t_0 | \hat{\sigma}) f_i(t_i | t_{i+1}, \hat{\sigma}) dt_i \tag{2.44}$$

が F_i を更新する漸化式である．実際上は，さらに $\hat{\sigma}$ による期待値を取る必要がある．それには，式 (2.39) を同値な式

$$t_i = \left\{ \left(\frac{1}{N_i} + \frac{1}{N_i^*} \right) \left(\frac{\hat{\sigma}}{\sigma} \right)^2 \right\}^{-1/2} \frac{\bar{Y}_i^* - \bar{Y}_i}{\sigma}, \qquad i = 1, \ldots, a - 1,$$

に書き直し，$\hat{\sigma}/\sigma$ による条件付けと考えればよい．すると式 (2.44) において $\hat{\sigma}$ は $\hat{\sigma}/\sigma$ に置き換えられることになり，最後に $F_a(t_a, t_0|\hat{\sigma}/\sigma)$ の $\hat{\sigma}/\sigma$ に関する期待値を取ればよい．これも全確率の定理の応用である．その際，$(n-a)^{1/2}\hat{\sigma}/\sigma$ の分布は自由度 $f = n - a$ の χ 分布であり，σ には依存しない．条件付分布 $f_i(t_i|t_{i+1}, \hat{\sigma}/\sigma)$ は実は $\hat{\sigma}$ にも σ にもよらず，正規分布 $N\{\sqrt{\lambda_i/\lambda_{i+1}}t_{i+1}, (\lambda_{i+1}-\lambda_i)/\lambda_{i+1}\}$ であり，最後の $f_{a-1}(t_{a-1}|t_a, \hat{\sigma}/\sigma)$ は t_a が定数なので無条件の標準正規分布 $N(0,1)$ である．ここで，$\lambda_i = N_i/N_i^*$ である．

以上のアルゴリズムは 1.3.3 項 (2) の最大 χ^2 に対するものと本質的に同じであるが，和分が積分になるため若干高度になる．広津他 (1997) で p 値に加えて，棄却点 $T_\alpha(\boldsymbol{n}, f)$ や検出力を得る詳細なプログラムが与えられ，それは筆者のホームページの programs library に収められているので利用して欲しい．なお，繰返し数が等しい場合の棄却点を巻末の付表に与える．不揃いが大きくないときには, 近似的にそれを用いることもできる．付表では $T_\alpha(a, f)$ のように引数を a と $f = n - a$ にしているが, 繰返し数が等しいので $\boldsymbol{n}$ の情報は a と f に含まれている．なお，離散分布に適用する場合には自由度は $n-a$ ではなく $f = \infty$ として計算するので，引数は f の方が便利なのである．

max acc. $t1$ 法の検出力はいろいろな角度から研究され，その優位性は複数の機会に確認されている．紙数の関係でここに詳細を述べることはしないので，これについても Hirotsu(2017) を参照して欲しい．

max acc. $t1$ 法は，単調対比の同時信頼区間構成（Hirotsu et al., 2011）でその有用性がより顕著になる．単調対比とは，上位水準の平均から下位水準の平均を引く形式の対比を指し，その典型が

$$\mu(i,j) = \frac{n_{j+1}\mu_{j+1} + \cdots + n_a\mu_a}{N_j^*} - \frac{n_1\mu_1 + \cdots + n_i\mu_i}{N_i},$$

$$1 \le i \le j \le a, \quad (2.45)$$

である．これは変化パターンが

$$\mu_1 = \cdots = \mu_i < \mu_{i+1}, \ldots, \mu_j < \mu_{j+1} = \cdots = \mu_a \tag{2.46}$$

と想定されるときの変化の大きさを表し，$j = i$ のとき，まさに段差変化点モデルに対応する．段差変化点モデルは max acc. $t1$ の言わば基底であるため，$\mu(i, i)$ に対する同時信頼区間は max acc. $t1$ 検定の反転からただちに得られる．それは 1.1.2 項で述べた検定と信頼区間の関係そのものである．すなわち，対立仮説の下で $\bar{Y}_i^* - \bar{Y}_i$ の期待値がまさに $\mu(i, i)$ なので，棄却域 (2.40) を反転した式に代入すると

$$\left\{ \left(\frac{1}{N_i} + \frac{1}{N_i^*} \right) \hat{\sigma}^2 \right\}^{-1/2} \{\bar{Y}_i^* - \bar{Y}_i - \mu(i, i)\} \leq T_\alpha(\boldsymbol{n}, f)$$

が得られる．これを $\mu(i, i)$ に関して解くことにより，段階変化点モデル $\mu(i, i)$ に対する同時信頼下限

$$\mathrm{SLB}(i, i) = (\bar{Y}_i^* - \bar{Y}_i) - \left\{ \left(\frac{1}{N_i} + \frac{1}{N_i^*} \right) \hat{\sigma}^2 \right\}^{1/2} T_\alpha(\boldsymbol{n}, n - a) \tag{2.47}$$

が得られる．SLB は Simultaneous Lower Bound の略である．ところが，段差変化対比がすべての単調対比の基底であることから，すべての単調対比の同時信頼下限は式 (2.47) の一意な正係数線形結合として得られる．これは Williams 法を含め，他の最大対比型検定にはない，max acc. $t1$ 検定の大きな特長である．たとえば，式 (2.45) に対する同時信頼下限は二つの段差変化対比から次のように得られる．

$$\mathrm{SLB}(i, j) = \frac{N_j}{n} \mathrm{SLB}(j, j) + \frac{N_i^*}{n} \mathrm{SLB}(i, i) \tag{2.48}$$

なお，これらの信頼下限は原理的に j に関して単調増大，i に関して単調減少である．それは j が増せば用量水準の上側をより上位に取り，i が減れば用量水準の下側をより下位に取ることになるので，平均の差が開くことになるからである．これによる改良は，実際に例題 2.4 および 2.5 で行われる．

ところで，厳密に単調増大なパターンはこれらの変化点型ではカバーさ

れない．そこで，その代表を回帰直線 $\mu(\text{linear}): \mu_i = \beta_0 + \beta_1 i$ で表すことにする．この場合，式 (2.45) に対する変化量は

$$\Delta\mu(\text{linear}) = (a-1)\beta_1$$

で表され，その同時信頼下限はやはり段差変化対比 $\text{SLB}(i, i)$ (2.47) を基にして

$$\begin{aligned}
&\text{SLB(linear)} \\
&\quad = (a-1)\left[\frac{1}{N}\sum_{k=1}^{a-1}\left\{N_k^*\sum_{i=1}^{k-1}((k-i)n_i) + N_k\sum_{i=k+1}^{a}((i-k)n_i)\right\}\right]^{-1} \\
&\qquad \times \sum_{i=1}^{a-1}\left\{\left(\frac{1}{N_i}+\frac{1}{N_i^*}\right)^{-1}\text{SLB}(i,i)\right\} \qquad (2.49)
\end{aligned}$$

で与えられる．この導出はかなり高度なので，興味ある読者は Hirotsu et al. (2011) を参照されたい．

次に，この同時信頼下限と検定の閉手順方式を組み合わせることにより，大変興味ある用量反応パターン推測方式が得られる．その手順とは次のようなものである．

最初に有意水準 α の max acc. $t1$ 検定を下降型閉手順方式で適用する．すなわち，まず全データに適用し帰無仮説が棄却されたときのみ，第 a 水準のデータを除いてふたたび max acc. $t1$ 検定を実施する．これもまた棄却されたときのみ，さらに第 $a-1$ 水準のデータも除いて max acc. $t1$ 検定を適用し，これを帰無仮説が採択されるまで続ける．この検定手順で有意水準は所与の α に保たれる．ここで，k 回棄却後に初めて停止したとき，k-stopping と呼ぶ．もし，$k=0$ なら，帰無仮説は棄却されない．それ以外の場合，k-stopping と整合する段差型モデルは $\mu_1 = \cdots = \mu_{a-k} < \mu_{a-k+1} \le \cdots \le \mu_a$ である．そこで，$\mu_{a-k+1}, \ldots, \mu_a$ のうちどれが最適用量水準であるかを同時信頼下限に戻って検討する．それには，式 (2.45) に対応する $\text{SLB}(a-k, a-k), \ldots, \text{SLB}(a-k, a-1)$ を比較し，その最大に対応するモデルを採用する．$(a-1)$-stopping の場合は，モデル候補として $\mu(\text{linear})$ も排除できないので，SLB(linear) も比較の対象に

加える．

この方式は，検定により用量反応関係の存在を証明すると同時に，最適用量を示唆し，さらに最適用量と基底用量の間の平均の差の信頼下限も与える優れた用量反応解析である．この詳細も Hirotsu et al. (2011) を参照して欲しい．

【例題 2.4】　NFLX 半減期用量反応解析

表 2.7 のデータについて max acc. $t1$ 統計量を用いた用量反応解析を行う．最初に閉手順方式で検定を行うが，統計量の計算に不偏分散が必要である．表 2.7 の数値を使って

$$S_e = 51.3597 - \left(\frac{5.38^2}{5} + \frac{5.93^2}{5} + \frac{6.20^2}{4} + \frac{7.52^2}{5} + \frac{9.28^2}{5}\right)$$
$$= 51.3597 - 50.96562 = 0.39408$$

となるから

$$\hat{\sigma}^2 = \frac{0.3941}{24-5} = 0.0207$$

が得られる．これから max acc. $t1$ の成分が次のように得られる．

$$t_1 = t(1;2,3,4,5) = \left\{\left(\frac{1}{5} + \frac{1}{19}\right)\hat{\sigma}^2\right\}^{-1/2}\left(\frac{28.93}{19} - \frac{5.3800}{5}\right) = 6.170$$
$$t_2 = t(1,2;3,4,5) = \left\{\left(\frac{1}{10} + \frac{1}{14}\right)\hat{\sigma}^2\right\}^{-1/2}\left(\frac{23.00}{14} - \frac{11.31}{10}\right) = 8.584$$
$$t_3 = t(1,2,3;4,5) = \left\{\left(\frac{1}{14} + \frac{1}{10}\right)\hat{\sigma}^2\right\}^{-1/2}\left(\frac{16.80}{10} - \frac{17.51}{14}\right) = 7.199$$
$$t_4 = t(1,2,3,4;5) = \left\{\left(\frac{1}{19} + \frac{1}{5}\right)\hat{\sigma}^2\right\}^{-1/2}\left(\frac{9.280}{5} - \frac{25.03}{19}\right) = 7.441$$

これより，最大は $t_2(1,2;3,4,5) = 8.584$ である．国際基準 ICH E9 では，用量反応解析は片側有意水準 0.025 が推奨されている．この例は繰返し数が等しくないが，不揃いが軽微なので近似的に巻末の付表を参照してみよう．不偏分散の自由度 19 に対する数値は与えられていないので，安

全側の15に対する0.025点2.717と比較して有意性が確認される．前述のプログラムで計算すると正確な有意確率 1.1×10^{-7} が得られ，もちろん帰無仮説は有意水準0.025で棄却される．そこで，最高用量のデータを除外し，ふたたび max acc. $t1$ 法を適用する．ただし，$\hat{\sigma}^2$ は変更しない．この場合，最大は

$$t_2 = t(1,2;3,4) = \left\{\left(\frac{1}{10} + \frac{1}{9}\right)\hat{\sigma}^2\right\}^{-1/2}\left(\frac{13.72}{9} - \frac{11.31}{10}\right) = 5.946$$

であり，これは有意水準0.025に対する $a = 4$，自由度15の安全側の有意点2.606と比べて有意である．そこで $a = 3$ に進み，最大値

$$t_2 = t(1,2;3) = \left\{\left(\frac{1}{10} + \frac{1}{4}\right)\hat{\sigma}^2\right\}^{-1/2}\left(\frac{6.20}{4} - \frac{11.31}{10}\right) = 4.918$$

を得る．この値も安全側の有意点2.439と比べて有意である．そこで $a = 2$ に進むが，それは2標本 t 検定になる．検定統計量は

$$t_1 = t(1;2) = \left\{\left(\frac{1}{5} + \frac{1}{5}\right)\hat{\sigma}^2\right\}^{-1/2}\left(\frac{5.93}{5} - \frac{5.38}{5}\right) = 1.208$$

となり，これは $t_{19}(0.025) = 2.093$ と比べて有意ではない．つまり，検定はここで停止し (3-stopping)，この時点で示唆されるモデルは $\mu_1 = \mu_2 < \mu_3 \le \mu_4 \le \mu_5$ である．そこで次のステップで SLB(2, 2), SLB(2, 3), SLB(2, 4) を比較し，その最大に対応するモデルを採用する．なお，立ち上がりが第3用量なので，SLB(linear) は候補に入れない．

同時信頼下限はまず基底である式 (2.47) を求め，それを式 (2.48), (2.49) に従って他の単調対比に拡張する．たとえば基底の一つである SLB(1, 1) を求めるには式 (2.47) を用いて

$$\begin{aligned}\mathrm{SLB}(1,1) &= (\bar{Y}_1^* - \bar{Y}_1) - \left\{\left(\frac{1}{N_1} + \frac{1}{N_1^*}\right)\hat{\sigma}^2\right\}^{1/2} T_{0.025}(\boldsymbol{n}, 24-5) \\ &= \left(\frac{28.93}{19} - \frac{5.38}{5}\right) - \left\{\left(\frac{1}{5} + \frac{1}{19}\right) \times 0.020741\right\}^{1/2} \times 2.661 \\ &= 0.254\end{aligned}$$

が得られる．ここでは先程の近似値 2.717 に替えて，正確に計算した $T_{0.025}(\boldsymbol{n}, 24-5) = 2.661$ を用いている．基底以外ではたとえば SLB(1, 2) に対して，式 (2.48) により，

$$\begin{aligned}\mathrm{SLB}(1,2) &= \frac{N_2}{n}\mathrm{SLB}(2,2) + \frac{N_1^*}{n}\mathrm{SLB}(1,1) \\ &= \frac{10}{24} \times 0.371 + \frac{19}{24} \times 0.254 = 0.356\end{aligned}$$

が得られる．SLB(linear) の計算はこの例題では必要ないが，練習で試みて欲しい．以上の結果は表 2.8 にまとめられている．なお，すでに述べたように，これらの同時信頼下限は原理的に右へ行くほど，また上に行くほど単調増大になるはずである．そこで，表 2.8 ではこの要請を満たすように修正した結果を括弧書きで下に示している．結局この例では，SLB(2, 2), SLB(2, 3), SLB(2, 4) の比較から，最大である SLB(2, 4) に対するモデル

$$\mu_1 = \mu_2 < \mu_3, \mu_4 < \mu_5 \tag{2.50}$$

が採択される．第 3 用量でベースから有意にレスポンスが上昇しているので，まずその効果が臨床上有効であるかを検討することになる．もし不十分であれば，第 4 用量を採択する意味はなく，第 5 用量が最適と判断される．もちろん，副作用を吟味した上，最終決定が成される．参考のため，図 2.2 に Box plot を示す．モデル (2.50) を支持しているように見えるが，どうだろう．この他の例については，Hirotsu et al. (2011) を参照されたい．

表 2.8　同時信頼下限 SLB$(i, j+1)$

i	$j+1$ = 2	3	4	5
1	0.254	0.356	0.359	0.475
		(0.371)	(0.375)	(0.511)
2		0.371	0.375	0.511
3			0.271	0.387
4				0.346
SLB(linear)=0.49				

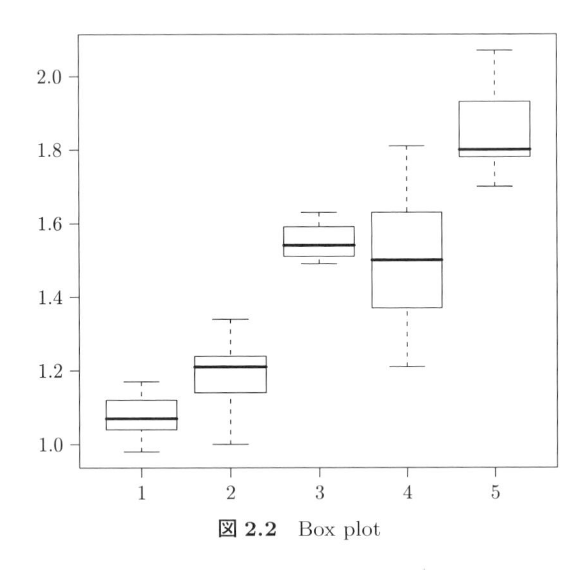

図 2.2　Box plot

(2)　累積 χ^2 法

すでに述べたように累積 χ^2 統計量は $\chi^{*2} = \sum_{i=1}^{a-1} t_i^2$ で定義される．この統計量の性質は本質的に 1.3.3 項 (3) の累積 χ^2 と同じである．その帰無仮説の下での分布は $d\chi_f^2$ で良く近似され，定数 d, f は次式 (2.51), (2.52) で与えられる．ただし，$\lambda_i = N_i/N_i^*$ である．

$$d = 1 + \frac{2}{a-1}\left(\frac{\lambda_1}{\lambda_2} + \frac{\lambda_1+\lambda_2}{\lambda_3} + \cdots + \frac{\lambda_1+\cdots+\lambda_{a-2}}{\lambda_{a-1}}\right) \tag{2.51}$$

$$f = \frac{a-1}{d} \tag{2.52}$$

この 2 式は式 (1.50), (1.51) に対応している．繰返し数が等しいとき，累積 χ^2 を端的に特徴付けるのは次の式である．

$$\chi^{*2} = \frac{a}{1\times 2}\chi^2_{(1)} + \frac{a}{2\times 3}\chi^2_{(2)} + \cdots + \frac{a}{(a-1)\times a}\chi^2_{(a-1)}$$

この式もすでに式 (1.53) で説明している．累積 χ^2 は両側対立仮説 (2.27) に対する検定方式として導かれているが，要因分析よりむしろ適合度検定に適しているので，ここではこれ以上深入りしない．第 4 章で興味ある単調プロファイルを取り出すのに用いられる．

2.3.3　離散データに対する累積和法

1 元配置の設定でデータが正規分布ではなく，2 項分布や多項分布のような離散分布に従うことはよくある．要因水準に自然な順序がない場合の多項分布に関する一様性検定（Kruskal and Wallis 検定）についてはすでに 2.1.2 項で述べたので，ここでは用量反応試験の設定で考える．本項 (3) の Poisson 系列は用量反応試験ではないが，時間順序に従ってステップ型や，アップターン型の変化パターンに興味があるため累積和に基づく方法が基本になり，用量反応試験と同じ定式化が有効になるのでここで扱うものである．それでは (1) 2 項分布から始めよう．

(1)　2 項分布に対する累積和法

表 2.9 は心臓疾患薬に対する第 II 相 2 重盲検用量設定試験の結果である．これは表 2.1 において，特性値 y_{ij} が連続量ではなく 2 項分布 $B(n_i, p_i)$ に従う y_i である場合と理解できる．データは各群の総例数を n_i，改善の例数を y_i とし，有効率は p_i で表す．表には後の計算で必要な数値も示している．ただし，N_i, Y_i の定義は 2.3.2 項 (1) と同じ累積和である．

表 2.9 心臓疾患薬に対する2重盲検用量設定試験結果 (広津，2004)

用量 (mg)	有効 No	有効 Yes (y_i)	計 (n_i)	N_i	Y_i	$t_i(Y_i)$
100	16	20	36	36	20	1.319
150	18	23	41	77	43	2.276
200	9	27	36	113	70	1.161
225	9	26	35	148	96	−0.043
300	5	9	14	162	105	
計	57	105	162			

この種のデータに対し最もよく知られているのは Cochran(1954) と Armitage(1955) のトレンド検定である．しかし問題は有効率が段差的に増大し，かつ安全性に問題のない臨床用量を定めることであり，単なるトレンド検定ではそれには応えられない．そこで，式 (2.26) の μ_i を $\theta_i = \mathrm{logit}\, p_i = \log\{p_i/(1-p_i)\}$ に置き換えた単調性仮説の検定問題を考える．logit（ロジット）についてはたとえば広津 (1982) を参照して欲しいが，次の視点も重要である．有効率の変域は $0 < p_i < 1$ と制限され，直線回帰モデルを全域で仮定することが難しいのに対し，ロジットでは変域が $\pm\infty$ となり制約が緩やかになる．とくにここでは単調仮説を想定するので，より柔軟性がある．

さて，この場合も単調性仮説検定の完全類から示唆される統計量は，累積和

$$Y_i = y_1 + y_2 + \cdots + y_i, \qquad i = 1, \ldots, a-1,$$

であり，$a = 5$ の場合である．帰無仮説の下ではすべての p_i が等しく，共通の有効率は $\hat{p} = Y_a/N = 105/162 = 0.6481$ で推定される．累積和 Y_i の分散は $N_i\hat{p}\hat{q}$ で推定されるから，式 (2.39) に対応する規準化統計量は

$$t_i = \left\{ \left(\frac{1}{N_i} + \frac{1}{N_i^*} \right) \hat{p}\hat{q} \right\}^{-1/2} (\bar{Y}_i^* - Y_i), \qquad i = 1, \ldots, a-1, \quad (2.53)$$

となる．ただし，$\hat{q} = 1 - \hat{p}$ であり，1個当たりの分散 $\hat{p}\hat{q}$ が正規分布の $\hat{\sigma}^2$

に相当する．これから作られる最大統計量として研究されているのが

$$\max \text{acc. } t1 = \max_{i=1,\dots,a-1} t_i$$

である．この有意確率計算は，正規分布の場合に t_i の分布のマルコフ性を利用した漸化式を用いたのに対し，累積和 Y_i のマルコフ性を利用する．そのために，式 (2.53) と同値な次の形式を用いる．

$$t_i(Y_i) = t_i = \left\{ \left(\frac{N_a - N_i}{N_a N_i} \right) \hat{p}\hat{q} \right\}^{-1/2} \left(\hat{p} - \frac{Y_i}{N_i} \right), \qquad i = 1, \dots, a-1, \tag{2.54}$$

例によって総和 Y_a を与えた条件付分布を考えるので，Y_a の関数である $\hat{p}$ は定数と考えてよい．漸化式は正規分布の場合と同様に，途中までの条件付確率

$$F_i(Y_i, t_0) = \Pr(t_1 < t_0, \dots, t_i < t_0 | Y_i)$$

を定義し，それを更新する形で行う．ここで t_i が Y_i の関数であること，漸化式が Y_i に関する和分で構成されることに注意する．導出は 1.3.3 項 (2) や 2.3.2 項 (1) と同じなので省略するが，具体的に次のような漸化式が得られる．

$$F_{i+1}(Y_{i+1}, t_0) = \sum_{Y_i} \{F_i(Y_i, t_0) f_i(Y_i | Y_{i+1})\}, \qquad t_{i+1}(Y_{i+1}) < t_0 \tag{2.55}$$

式 (2.55) はまさに正規分布の場合の式 (2.44) において積分を和分に変えたものであり，もっと直接的には式 (1.48) の条件分布 $P_j(Y_{1j}|Y_{1j+1})$ を $f_i(Y_i|Y_{i+1})$ に変えたものに他ならない．そこで条件分布 P_j が超幾何分布であったと同様に，f_i も超幾何分布で次式で与えられる，

$$f_i(Y_i | Y_{i+1}) = \binom{N_i}{Y_i} \binom{n_{i+1}}{Y_{i+1} - Y_i} \bigg/ \binom{N_{i+1}}{Y_{i+1}}.$$

これまでと同様，漸化式 (2.55) を走らせた最後に p 値は $p = 1 - F_a(Y_a, t_0)$ として得られる．

表 2.10　$p(i,j)$ に対する同時信頼下限 SLB$(i,j+1)$ $(\alpha=0.05)$

	$j+1$			
i	2	3	4	5
1	−0.077	−0.056	−0.118	−0.330
		(0.008)	(0.008)	(0.008)
2		0.008	−0.054	−0.266
			(0.008)	(0.008)
3			−0.083	−0.267
				(−0.083)
4				−0.295

【例題 2.5】　心臓疾患治療データ表 2.9 の解析

表 2.9 に与えられている数値からただちに，$\hat{p}=105/162=0.648$, $\hat{q}=57/162=0.352$ が得られ，次に式 (2.54) から $t_i(Y_i)$ が最後列のように得られる．すなわち，max acc. $t1$ 統計量は $t_2=2.276$ である．式 (2.55) を利用して計算された右片側 p 値は 0.044 となり，有意水準 0.05 で用量水準 150 mg と 200 mg の間に段差的変化が見られる．

式 (2.45) に対応する上位水準と下位水準の有効率の差は

$$p(i,j)=\frac{n_{j+1}p_{j+1}+\cdots+n_ap_a}{N_j^*}-\frac{n_1p_1+\cdots+n_ip_i}{N_i},\qquad 1\leq i\leq j\leq a$$

で定義され，その式 (2.47) に対応する同時信頼下限は正規近似により

$$\mathrm{SLB}(i,i)=(\bar{Y}_i^*-\bar{Y}_i)-\left\{\left(\frac{1}{N_i}+\frac{1}{N_i^*}\right)\hat{p}\hat{q}\right\}^{1/2}T_\alpha(\boldsymbol{n},\infty)$$

で与えられる．一般の $p(i,j)$ に対して式 (2.48) による拡張も有効である．正規分布の公式を用いた上側確率 α 点は $\alpha=0.05$ に対し $T_{0.05}(\boldsymbol{n},\infty)=2.173$ と得られる．同時信頼下限の計算結果は表 2.10 各欄の上段に与えた通りになる．信頼下限の単調性を考慮して表 2.8 と同様の改良を加えた結果は下段に括弧書きで与えている．この結果から明らかに第 3 用量が最適有効用量と判断される．

(2)　多項分布に対する max max acc. $t1$ 法と max Wil 法

● **max max acc. $t1$ 法**

(1) と同様の用量反応試験で，レスポンスが 2 値評価ではなく順序分類データで与えられる場合はよくあり，たとえば表 2.11 はその典型例である．2 項分布はこの順序分類が 2 水準の場合に当たる．この例はプラセボと 2 通りの用量水準，AF3 および AF6 に関する 3 群比較の場合である．しかもこれら 3 群には用量という自然な順序があり，その順に応じた効果が期待されるため，それを考慮した特別な 3 群比較，つまり用量反応解析が望まれる．一方，効果も順序分類データで与えられ，それを考慮した解析をせねばならない．つまり，行と列の両方に自然な順序がある場合の解析ということになる．

すでに 1.3.3 項 (2) の最大 χ^2 法の項でも説明したことだが，このようなデータに対して表 2.12 のように列の (1) と (2∼6)，(1，2) と (3∼6)，…，(1∼5) と (6) というように 5 通りのデータに作り直し，それぞれ検定して都合の良い結果を採用することが行われ，尺度合わせと呼ばれていた．初学者にとっては有効性を適当な分点で切断してその上下カテゴリをそれぞれ併合し，言わば良い悪いの 2 値評価のデータに転換するのが簡単ということであろうか．しかしながら，このように 5 通りのデータに作り直し，無邪気に都合の良い結果を採用するのでは科学性に乏しいことは明らかである．なお，表 2.12 の 5 個の補助表のそれぞれ第 1 列は，有効性の水準 $1, 2, \ldots, 5$ に応じて出現頻度の累積和を構成していることに注意して欲しい．

さて，ここまでの考察は 6 段階の順序分類応答の処理についてであり，この臨床試験の本来の目的である最適用量水準の決定に応えるものではない．実は，用量水準に関しても累積和の構成が基本となる．前項の定式化が 1 方向のみの単調性仮説に関してであったのに対し，本項では行，列 2 方向単調性仮説

$$(\theta_{i+1j+1} - \theta_{i+1j}) - (\theta_{ij+1} - \theta_{ij}) = \theta_{i+1j+1} - \theta_{i+1j} - \theta_{ij+1} + \theta_{ij} \geq 0 \tag{2.56}$$

表 2.11　第Ⅱ相2重盲検用量設定試験における順序分類データ（広津，2004）

	有効性 (j)						
薬剤 (i)	1 劣悪	2 やや無効	3 無効	4 やや有効	5 有効	6 極めて有効	合計
プラセボ	3	6	37	9	15	1	71
AF3	7	4	33	21	10	1	76
AF6	5	6	21	16	23	6	77
計	15	16	91	46	48	8	224

表 2.12　有効性を可能な分点で切断し集計し直した5通りの表

	有効性 (j)									
薬剤 (i)	1	2～6	1, 2	3～6	1～3	4～6	1～4	5, 6	1～5	6
プラセボ	3	68	9	62	46	25	55	16	70	1
AF3	7	69	11	65	44	32	65	11	75	1
AF6	5	72	11	66	32	45	48	29	71	6

が対象なので，新たな定式化が必要になる．そもそも式 (2.56) は第3章の主題である交互作用効果を表しており，表の右下方向に向かって相対的発生頻度が上昇する傾向を表している．そこで詳しい導出は Hirotsu (2017) に譲り，結論から言うと2方向累積和

$$Y_{ij} = \sum_{l=1}^{i} \sum_{m=1}^{j} y_{lm}$$

を基本とし，i と j について単調増大な検定統計量を構成すればよいことが示される．そこで第一に考えられるのは Y_{ij}, $i = 1, \ldots, a-1, j = 1, \ldots, b-1$, を規準化した $(a-1) \times (b-1)$ 個の統計量の最大

$$\text{max max acc. } t1 = \max_i \max_j t_{ij},$$
$$t_{ij} = \left(Y_{ij} - \frac{N_i M_j}{n}\right) \left(\frac{N_i N_i^* M_j M_j^*}{n^3}\right)^{-1/2} \tag{2.57}$$

である．ただし，表 2.11 の行和 R_i の累積和を N_i，列和 C_j の累積和を M_j で表し，* はそれらをそれぞれ総和 n から引いた残りの和を表す．b

はもちろん列（カテゴリ）数である．M_j は表 2.12 の 5 個の補助表のそれぞれ第 1 列の列和に他ならない．ここで周辺和を与えた超幾何分布としての Y_{ij} の期待値 $N_i M_j/n$，および分散 $N_i N_i^* M_j M_j^*/n^3$ を用いているが，その初等的で丁寧な説明は広津 (2018) を参照して欲しい．なお，超幾何分布としての分散は正確にはこの $n/(n-1)$ 倍であるが，これまで同様，記法の簡便さのために $n-1$ を n としている．その差は微小で実際の応用では問題にならない．とくにここで扱う数え上げの場合は，1.3.3 項 (2) でも述べたように統計量の相対的大小関係だけで決まるので定数倍は影響しない．

さて，この正確な有意確率評価も式 (1.48) や式 (2.55) の延長で求まる．まず，これまでと同様に途中までの条件付確率

$$F_j(\boldsymbol{t}_j) = \Pr(\boldsymbol{t}_1 < \boldsymbol{t}_0, \ldots, \boldsymbol{t}_j < \boldsymbol{t}_0 | \boldsymbol{Y}_j)$$

を定義する．違いは $\boldsymbol{t}_j = (t_{1j}, \ldots, t_{a-1j})', \boldsymbol{t}_0 = (t_0, \ldots, t_0)', \boldsymbol{Y}_j = (Y_{1j}, \ldots, Y_{a-1j})'$ が 1 次元のスカラーではなく，$(a-1)$ 次元のベクトルであることだけである．ベクトルの不等式は，それぞれ対応する要素ごとの不等式と考えればよい．このとき，これまで同様 $\boldsymbol{Y}_j$ のマルコフ性を使った漸化式

$$F_{j+1}(\boldsymbol{t}_{j+1}) = \sum_{\boldsymbol{Y}_j} \{F_j(\boldsymbol{t}_j) \times f_j(\boldsymbol{Y}_j | \boldsymbol{Y}_{j+1})\}$$

が得られる．ただし，f_j はこれまでの超幾何分布に替えて $\boldsymbol{Y}_j$ が多次元であることにより，表 2.13 のすべての周辺和を固定した多項超幾何分布である．f_j の具体的な形は表 2.13 を z_{ij} の 2 元表 $(a \times 2)$ とみて，その周辺和を与えた多項超幾何分布

$$\prod_{i=1}^{a} \binom{z_{i\cdot}}{z_{i1}} \Big/ \binom{z_{\cdot\cdot}}{z_{\cdot 1}}$$

において，z_{ij} を Y_{ij} の関数に置き換えて得られる．$\boldsymbol{Y}_j = (Y_{1j}, \ldots, Y_{a-1j})'$ についての和分を取る際には，表 2.13 のすべてのセルが非負で

表 2.13　多項分布 $f_j(\boldsymbol{Y}_j|\boldsymbol{Y}_{j+1})$ のための補助表

用量水準	j までの列和	$y_{j+1}(j+1$ 列)	計 ($j+1$ までの列和)
1	Y_{1j}	y_{1j+1}	Y_{1j+1}
$\vdots$	$\vdots$	$\vdots$	$\vdots$
i	$Y_{ij}-Y_{i-1j}$	y_{ij+1}	$Y_{ij+1}-Y_{i-1j}$
$\vdots$	$\vdots$	$\vdots$	$\vdots$
a	$Y_{aj}-Y_{a-1j}$	y_{aj+1}	$Y_{aj+1}-Y_{a-1j}$
計	$Y_{aj}=M_j$	$y_{\cdot j+1}=C_{j+1}$	$Y_{aj+1}=M_{j+1}$

あるという制約に注意する以外にとくに難しい点はない．$\boldsymbol{Y}_j$ の変域が全体の行和ではなく $\boldsymbol{Y}_{j+1}$ で押さえられるため，計算の効率が良くなるのは 1.3.3 項 (2) の最大 χ^2 法の場合と同じである．p 値は最後に $1-F_a$ として得られる．

【例題 2.6】　順序分類データに基づく用量反応解析 (max max acc. $t1$ 法)

max max acc. $t1$ を求めるための補助表は表 2.12 をさらに行の 2 箇所の切断点に応じてそれぞれ累積することで，表 2.14 のように得られる．表 2.14(1) および (2) の 10 個の 2×2 分割表に対して計算した適合度 χ^2 が式 (2.57) の二乗に他ならない．適合度 χ^2 は表の下段に与えられ，その最大 $\chi_{24}^{**2}=10.033$ が max max acc. $t1$ を与える．漸化式で評価した右片側 p 値は 0.007（両側 0.014）となり，高度に有意である．変化点は行の第 3 水準，列の第 5 水準が示唆されるので，AF6 の下位用量に対する優越性が言え，とくに改善度 5，6 における優越性が顕著である．

この方法は従来尺度合わせと呼ばれていた直観的には受け容れやすいが，多大な偽陽性を生ずる手法を数理的に精緻化したものである．ちなみに，最大統計量を自由度 1 の χ^2 分布で評価すると両側有意確率 0.0015 という一桁小さい値になる．

● max Wil 法

本項の設定でもう一つの考え方は，用量水準の各切断点に対応して累積和を構成した $(a-1)$ 通りの $2\times b$ 分割表に対してそれぞれ 1.3.3 項の順序分類データに対する方法を適用し，その最大を統計量とする方法であ

表 2.14　max max acc. $t1$ を求めるための補助表

(1) プラセボ対それ以外

	改善度 (j)									
薬剤 (i)	1	2~6	1, 2	3~6	1~3	4~6	1~4	5~6	1~5	6
プラセボ	3	68	9	62	46	25	55	16	70	1
AF3 & AF6	12	141	22	131	76	77	113	40	146	7
	⇓		⇓		⇓		⇓		⇓	
	$\chi_{11}^{**2} = 1.0159$		$\chi_{12}^{**2} = 0.1179$		$\chi_{13}^{**2} = 4.4677$		$\chi_{14}^{**2} = 0.3368$		$\chi_{15}^{**2} = 1.4121$	

(2) プラセボと AF3 の併合

	改善度 (j)									
薬剤 (i)	1	2~6	1, 2	3~6	1~3	4~6	1~4	5~6	1~5	6
プラセボ & AF3	10	137	20	127	90	57	120	27	145	2
AF6	5	72	11	66	32	45	48	29	71	6
	⇓		⇓		⇓		⇓		⇓	
	$\chi_{21}^{**2} = 0.0078$		$\chi_{22}^{**2} = 0.020$		$\chi_{23}^{**2} = 7.880$		$\chi_{24}^{**2} = 10.033$		$\chi_{25}^{**2} = 6.069$	

る．実は max max acc. $t1$ 法はその各表に 1.3.3 項 (2) 最大 χ^2 法を適用していることに他ならない．そこで自然に考えられる Wilcoxon 順位和検定を適用する方法を，max Wil 法と呼ぶことにする．この正確な有意確率計算法は極めて例数の小さなケースを除いて得られていないが，正規近似が良好なため max acc. $t1$ 法が適用できる．すなわち行（用量）の切断点に応じて累積した各表に対し，式 (1.39) に従って統計量を計算しその最大値を評価する．正規近似した場合の Wilcoxon 統計量の相関構造は例数 n_i のみによるので，評価には繰返し数 n_i の 1 元配置正規分布モデルの max acc. $t1$ 法のアルゴリズムを自由度 ∞ としてそのまま使えるのである．

【例題 2.7】　順序分類データに基づく用量反応解析（max Wil 法）

用量水準に沿って累積和を構成した二つの補助表は表 2.15 のようになる．このそれぞれに対し，1.3.3 項 (1) の Wilcoxon 統計量 (1.39) を計算した結果は表の下に与えてある．ただし，式 (1.39) の $(n-1)$ は例題 2.6 の max max acc. $t1$ と合わせるため n としている．この大きい方 $W_{1\,\&\,2,3} = 2.76$ が max Wil 統計量である．なお，$W_{1\&2,3}$ は行 1，2 を併合した表 2.15(2) に対する Wilcoxon 統計量を表す．2.3.2 項 (1) の正規分

表 2.15 max Wil を求めるための補助表

(1) プラセボ対それ以外

	改善度 (j)						
薬剤 (i)	1	2	3	4	5	6	計
プラセボ	3	6	37	9	15	1	71
AF3 & AF6	12	10	54	37	33	7	153
計	15	16	91	46	48	8	224

$$\Downarrow$$
$$W_{1,2\&3} = 1.29$$

(2) プラセボと AF3 の併合

	改善度 (j)						
薬剤 (i)	1	2	3	4	5	6	計
プラセボ & AF3	10	10	70	30	25	2	147
AF6	5	6	21	16	23	6	77
計	15	16	91	46	48	8	224

$$\Downarrow$$
$$W_{1\&2,3} = 2.76$$

布に対するアルゴリズムを，繰返し数 $n_1 = 71, n_2 = 76, n_3 = 77, f = \infty$ として適用すると右片側 p 値 0.005（両側 0.011）が得られる．この場合は max max acc. $t1$ と似通った値を示しているが，max max acc. $t1$ の方が，単調性仮説の様々なパターンに対し安定した検出力を示すことと，正確アルゴリズムという特長を有する．これまで，t 検定や F 検定について前提条件からの種々の乖離に対して有意水準が正しく保たれることを criterion robust と呼んできたが，この検出力に関する最大対比型統計量の性質も頑健性 (power robust) ということができる．

(3) Poisson 系列に対する累積和法

新薬の開発はときには 10 年を超える長期にわたり，様々な段階を踏んで行われる．ヒトに対する安全性・有効性を確認する I 相〜IV 相臨床試験の役割については広津 (2018) を参照して欲しい．たとえば，例題 2.5 は II 相試験の例であり，表 1.12 は III 相試験の例である．III 相試験では II 相で有効性・安全性が確認された臨床用量で，実績のある実薬やプラセボとのより実践的な環境での比較試験が行われる．しかしながら重篤な疾患を持つハイリスク患者は安全性の懸念により試験から除外され，また稀な，あるいは長期に遅延する副作用については限られた臨床試験では捉えられず，市販後様々なチャンネルを通じて情報収集が行われる．たとえば，副作用が遅延して次世代に生じるような例さえ知られているのである．

現在のコロナウイルス (COVID-19) に関する感染情報収集は，薬剤に対するものではないが同種の現象なのでイメージしやすいと思われる．時系列的に見て感染が拡大中なのか，封じ込めアクションの効果によりダウンターンに転じたか否かを統計的に検証することには大変興味が持たれる．従来，拡大傾向を逸早く検知する方法は工程管理図を始め，いろいろ研究され応用されているが，COVID-19 のようにダウンターンに主たる興味のある問題についての研究は多くない．ちなみに，本書執筆中，ある晩の海外ニュースでは，米国で開発中の COVID-19 に対するワクチンの安全性を確認する第 I 相試験が 45 人のボランティアに対して開始されたと報じている．安全性が確認されれば第 II，III 相へと進む，緊張と根気の強いられる長い挑戦の始まりである．さて，表 2.16 は筆者が医薬品機構に関係していた頃に解析した例であるが，間質性肺炎に対するある配合剤に関し，2003 年 11 月から 2010 年 5 月まで 79 カ月間に報告された 1 カ月ごとの副作用件数である．いずれ，COVID-19 についてもこのようなデータが手に入ることだろう．

このようなデータに対し当時機構では「発生傾向指数」が実装されていた．それは報告件数ではなく間隔に注目し，副作用報告が頻繁になり間隔が短くなったことを検知しようとするものである．そこで，直近 4 個の平均を X とし，次に，それ以前の全平均を Y とする．このとき，「発生傾向指数」$= Y/X$ を定義し，それがある閾値を超えたときに警告などの措置を取る．これは直感的に分かりやすい指標であるが，何故直近 4 個なのか根拠に乏しく，閾値を定める明確な規準もない．また，一旦異常を見逃すとそれは分子を縮小する方向に回り，以降検知することが難しくなる．さらに，副作用が突発的に増加する場合には対応するが，徐々に漸増

表 2.16 医薬品機構で収集されたある配合剤の副作用の自発的な報告（月ごとの発生例数）

月 (i)	1	2	3	4	5	6	7	8	9	10	11	12	13	14	15	16
y_i	1	4	1	1	1	1	3	0	4	1	3	0	2	4	3	3
i	17	18	19	20	21	22	23	24	25	26	27	28	29	**30**	31	32
y_i	2	4	1	4	1	4	2	1	2	2	1	0	1	**5**	1	4
i	33	34	35	36	37	38	39	40	41	42	43	44	45	46	47	**48**
y_i	1	4	2	3	7	3	3	4	1	5	4	5	6	2	4	**9**
i	49	50	51	52	53	54	55	56	57	58	59	60	61	62	63	64
y_i	3	4	1	1	6	3	5	8	1	1	6	3	3	1	2	3
i	65	66	67	68	69	70	71	72	73	74	75	76	77	78	79	
y_i	1	3	4	3	3	5	2	2	0	4	4	4	2	2	4	

する傾向は検知しにくいなどの問題点がある．

一方，時系列変化点解析は元々工場で工程管理の手法として古くから用いられている．たとえば正規分布の仮定できる計量値の場合，一定時間ごとに数個のデータを取りその平均をプロットする管理図は，日本のどの工場に行っても必ず見られる．管理図には $\pm 3\sigma$ を表す管理限界線が引かれ，プロットが限界線を越えたならただちに工程を止め修復の措置を取る．また，限界線を越えないまでも，中心線の片側に 7 点プロットが連続する 7 点連については補足 1.4 で言及している．副作用変化点検出も問題としてはこれらと同種であり，とくに時間に沿った増加傾向を検出する問題は，効果に関する用量反応解析と類似の考え方が応用できる．

そこで時点 i のデータを y_i と表し，発生件数であることから正規分布に替えて独立な Poisson 分布

$$\Pr(y_i = y) = \frac{e^{-\lambda_i}\lambda_i^y}{y!}, \qquad y = 1, 2, \ldots, \infty, \tag{2.58}$$

を仮定する．ただし，λ_i は Poisson 分布の期待値パラメータを表すのによく用いられるもので，もちろん式 (2.51) の λ_i とは関係がない．式 (2.58) は無限項で記述されているが，実際の応用では大きな y の確率がすぐ 0 になり数項で終わることが多い．そもそも Poisson 分布は，以下

の 3. で述べるように，希事象を記述する分布として導かれている．すなわち，Poisson 分布は時間軸上で偶発的に発生する単位時間当たりの事象数の確率を記述するのに用いられる離散分布で，次のような極めて単純な仮定から導かれる．

1. 実験期間中，実験条件は一定に保たれる．言い換えると，当該事象の生起する確率は実験中一定である．
2. 重複しない区間において事象は独立に生起する．
3. ごく短い区間において事象が重ねて生起する確率は無視できる．

近似的にせよこれらの仮定を満たす事象は多く，1 日当たり都内自動車事故件数，工場における年間事故件数，放射性元素から放射された α 粒子の対極への時間当たり到達数，あるいは顕微鏡で見た単位面積当たりのバクテリア数など，Poisson 分布に従うと見なされる事象は数多く知られている．最後の例のように，平面や空間上で独立に生起する事象でも構わない．正規分布が連続分布の代表なら，Poisson 分布は離散分布の代表と言ってもよい．以下では Poisson 系列に対する単調性仮説と凸性仮説の定式化を述べる．後者はもちろん，アップターンに対応する．

● 単調性仮説に対する max acc. $t1$ 法

表 2.16 のようなデータをイメージして Poisson 分布を仮定し，2.3.1 項の式 (2.26) に対応する単調性仮説

$$H_2 : \lambda_1 \leq \lambda_2 \leq \cdots \leq \lambda_a$$

を想定する．すると，確率分布 (2.58) も式 (2.30) に示した典型的な指数分布族の一つだから，基本統計量として累積和 $Y_i = y_1 + \cdots + y_i$, $i = 1, \ldots, a-1$, が導かれる．直観的にも，ある時点からの増加傾向を検出するのに，変化点以前のデータは全部使ってその平均で正常な状態での発生件数の期待値を推定するのが自然である．一方，変化後についてもやはり全データで変化後のレベルを推定し，それ以前の平均との差を測るのが自然である．このことは，月ごとのデータで変化を見るより，累積和を基礎

に考える方が自然であることを示唆している．

ところで，この手法を適用するに当たり，変化点 i はもちろん分かっていない．そこで，Y_i を時点 i までの累積和として，$i = 1, \ldots, a-1$ の各時点で

$$t_i = t_i(Y_i) = \left\{\left(\frac{1}{a-i} + \frac{1}{i}\right)\frac{Y_a}{a}\right\}^{-1/2}\left(\frac{Y_a - Y_i}{a-i} - \frac{Y_i}{i}\right)$$
$$= \left(\frac{a-i}{ai} \times \hat{\lambda}\right)^{-1/2}\left(\hat{\lambda} - \frac{Y_i}{i}\right), \qquad i = 1, \ldots, a-1, \tag{2.59}$$

を定義し，その最大値を検定統計量とする．ここでこれらの式と式 (2.53) および (2.54) との類似に注意して欲しい．式 (2.53) は帰無仮説の下での一様な 2 項分布の確率 p を総平均 $\hat{p} = Y_a/N$ で推定し，1 個当たりの分散を $\hat{p}\hat{q}$ で推定している．式 (2.59) は帰無仮説の下での一様な Poisson 分布のパラメータ λ を総平均 $\hat{\lambda} = Y_a/a$ で推定し，1 個当たりの分散を $\hat{\lambda}$ で推定している．ちなみに Poisson 分布の期待値，分散は λ に等しいから，Y_i の分散は $i\lambda$，Y_i/i の分散は λ/i である．

有意確率計算のための漸化式はこれまでと同様，途中までの条件付確率

$$F_i(Y_i, t_0) = \Pr(t_1 < t_0, \ldots, t_i < t_0 | Y_i)$$

を定義し，それを更新する形で行う．ここで t_i が Y_i の関数であること，漸化式が Y_i に関する和分で構成されることも先の 2 項分布の場合と同様であり，次の結果が得られる．

$$F_{i+1}(Y_{i+1}, t_0) = \sum_{Y_i}\{F_i(Y_i, t_0) f_i(Y_i | Y_{i+1})\} \quad \text{for } t_{i+1}(Y_{i+1}) < t_0 \tag{2.60}$$

ただし，条件付分布 $f_i(Y_i|Y_{i+1})$ は一様な Poisson 分布系列の第 $i+1$ 項までの総和 Y_{i+1} を与えたときの，第 i 項までの和 Y_i の分布として求める．それは Y_{i+1} を総例数とする 2 項分布に他ならず，どの項の生じる確率も等しいことから Y_i に対する確率は $i/(i+1)$ となるので，$B\left(Y_{i+1}, \frac{i}{i+1}\right)$ ということになる．このプログラムは次の凸性仮説検定とともに Hirotsu and Tsuruta (2017) に掲載されており，筆者のホームページ (chirotsu01.d.dooo.jp) で入手できる．またその条件付分布を

2 項分布から超幾何分布に書き換えれば，2 項分布データ系列に対する漸化式 (2.55) のプログラムが得られる．本項の例題は次の凸性仮説（アップターン型）と併せて例題 2.8 で与える．

● 凸性仮説に対する max acc. $t2$ 法

凸性仮説はすでに 2.3.1 項 (2) で述べたように，単調性仮説の「差分が正」に対し，「2 階差分が正」，

$$(\lambda_{i+2}-\lambda_{i+1})-(\lambda_{i+1}-\lambda_i)=\lambda_{i+2}-2\lambda_{i+1}+\lambda_i\geq 0, \qquad i=1,\ldots,a-2, \quad (2.61)$$

で定義される．凸性仮説と呼ぶのは，式 (2.61) がすべての i について成り立つと，そのプロットは下に凸な形状を示すからである．ところが面白いことに，その形状をより直接的に記述する基底ベクトルは，アップターンを示すスロープ変化点型であることもすでに述べ，例を式 (2.35) に示した．これはちょうど，単調性仮説の基底ベクトルが差分型ではなく，段差変化点型であったことに対応する．さらに $\boldsymbol{y}=(y_1,\ldots,y_a)'$ を Poisson 系列として，key vector $(\boldsymbol{L}_a'\boldsymbol{L}_a)^{-1}\boldsymbol{L}_a'\boldsymbol{y}$ の本質が，2 重累積和

$$S_i=\sum_{k=1}^{i}Y_k=iy_1+\cdots+y_i, \qquad i=1,\ldots,a-2 \quad (2.62)$$

であることに辿り着いたのは離散分布の凸性仮説を取り扱う上で本質的であった．ただし，$Y_i=y_1+\cdots+y_i=S_i-S_{i-1}$ は累積和である．key vector $(\boldsymbol{L}_a'\boldsymbol{L}_a)^{-1}\boldsymbol{L}_a'\boldsymbol{y}$ には元々帰無仮説（線形回帰モデル）の下での十分統計量 $Y_a=y_1+\cdots+y_a$ および $T_a=y_1+2y_2+\cdots+ay_a$ の関数が複雑に含まれているが，それらを上手に取り除いた結果である．その過程はちょうど，単調性の場合に式 (2.34) で総和を取り除き累積和を取り出したのに対応し，より複雑な過程を経て，本質的な成分として 2 重累積和 S_i を取り出したと考えればよい．元の形式では条件付分布の構造が一切見えず取り付く島もなかったのである．Y_a, T_a の 2 式は相似検定を構成する上で定数と見なされ，本質には寄与しない．ここで，本項 (2) で登

場した2方向累積和との言葉の違いにも注意して欲しい．なお，ここではアップターンについて述べたが，ダウンターンも不等号を逆転するだけでまったく同様に取り扱える．

正規分布の場合，累積和も2重累積和も正規分布に従い，漸化式を構成する条件付分布もまた正規分布であることが既知であり，累積和を意識しない取り扱いが可能であった．一方，離散分布の単調性仮説では，累積和に関連した既知の条件付分布が活躍している．それに加えて凸性仮説でも，key vector から2重累積和 (2.62) を取り出したことにより，既知の条件付分布は得られないまま2階マルコフ性が顕示化され，それに基づいて p 値計算に必要な条件付分布が計算できるようになったと言うわけである．すなわち，p 値計算と同時に条件付分布も漸化式的に生成する極めて巧妙な方法が完成している．やや複雑のためここでは原理だけ述べるので，興味ある人は Hirotsu (2017) を参照して欲しい．それでは条件付分布から始めよう．

まず，十分統計量を与えた，データ全体の条件付分布は攪乱母数が消去され，

$$G(\boldsymbol{y}|Y_a, T_a) = C_{a-1}^{-1}(Y_a, T_a)\prod_{i=1}^{a} b(y_i) \qquad (2.63)$$

という形になる．ただし，C_{a-1} は規準化定数であり，Poisson 分布であることから $b(y_i) = (y_i!)^{-1}$ である．これを2重累積和 S_i の分布に書き直すには，

$$y_i = S_i - 2S_{i-1} + S_{i-2}, \qquad i = 1, \ldots, a-2,$$

を代入すればよい．ただし，定義されていない S_0，S_{-1} などは0と置けばよい．またこの場合，式 (2.63) は $i = a$ まで延長して適用する．式 (2.62) で $a-2$ までとしたのは，$S_a = (a+1)Y_a - T_a$ および $S_{a-1} = Y_a - T_a$ が事実上定数として扱われるからであった．S_i の分布に書き直すと，その2階マルコフ性から2時点先までの確率変数で条件付けられた条件付分布の積の形

$$G(\boldsymbol{y}|Y_a, T_a) = \prod_{k=1}^{a-2} f_i(S_i|S_{i+1}, S_{i+2})$$

で表現され，さらに，i 番目の条件付確率が

$$f_i(S_i|S_{i+1}, S_{i+2}) = C_{i+1}^{-1}(S_{i+1}, S_{i+2}) C_i(S_i, S_{i+1}) b(S_{i+2} - 2S_{i+1} + S_i),$$
$$i = 1, \ldots, a-2, \qquad (2.64)$$

という形式であることが分かる．規準化定数 $C_{i+1}(S_{i+1}, S_{i+2})$ は f_i の全確率を 1 にするための定数であり，C_i は一つ前の f_{i-1} の規準化定数を相殺するために必要である．ということは規準化定数 C_{i+1} は漸化式

$$C_{i+1}(S_{i+1}, S_{i+2}) = \sum_{S_i} \{C_i(S_i, S_{i+1}) \times b(S_{i+2} - 2S_{i+1} + S_i)\}$$

により，順次生成されることを意味する．初期値は

$$C_1(S_1, S_2) = b(S_1) \times b(S_2 - 2S) \qquad (2.65)$$

とすればよい．実際，式 (2.64) の f_i を $i = 1, \ldots, a-2$ について掛け合わせると，途中の C_i は次々と相殺して

$$C_{a-1}^{-1}(Y_a, T_a) C_1(S_1, S_2) \prod_{i=3}^{a} b(y_i)$$

が残り，式 (2.65) により $C_1(S_1, S_2) = b(y_1) b(y_2)$ なので，まさしく式 (2.63) に一致する．ただし，$C_{a-1}^{-1}(S_{a-1}, S_a)$ は事実上 Y_a, T_a の関数なので $C_{a-1}^{-1}(Y_a, T_a)$ と表している．

検定統計量の規準化のためのモーメントは

$$E(S_i^l|S_{a-1}, S_a) = \sum_{S_{a-2}} \cdots \sum_{S_{i+1}} \sum_{S_i} \{S_i^l \times f_i(S_i|S_{i+1}, S_{i+2})$$
$$\times f_{i+1}(S_{i+1}|S_{i+2}, S_{i+3}) \times \cdots \times f_{a-2}(S_{a-2}|S_{a-1}, Y_a)\}$$

のように計算される．結局，max acc. $t2$ を与える規準化最大統計量は，E, V を期待値，分散として，

$$s_m^* = \max_{i=1,\ldots,a-2} s_i^*, \qquad s_i^* = \frac{S_i - E(S_i)}{V^{1/2}(S_i)},$$

で与えられる．最後に，有意確率計算のためにこれまで同様，途中までの条件付確率

$$\begin{aligned} F_i(S_{i-1}, S_i, d) &= \Pr(s_1^* < d, \ldots, s_i^* < d | S_{i-1}, S_i) \\ &= \Pr(S_1 < d_1^*, \ldots, S_i < d_i^* | S_{i-1}, S_i), i = 2, \ldots, a, \end{aligned}$$

を定義する．ただし，$d_i^* = E(S_i) + V^{1/2}(S_i)d$ を用いて第2式のように書き直したのは，条件付分布が s_i^* ではなく S_i で記述されているためである．S_{a-1} と S_a は定数で分散0だが $-\infty$ と定義し，その関わる不等式が常に成り立つようにしておくことで問題はない．更新される漸化式は本質的に

$$F_{i+1}(S_i, S_{i+1}, d) = \sum_{S_{i-1}} \{F_i(S_{i-1}, S_i, d) \times f_{i-1}(S_{i-1} | S_i, S_{i+1})\}.$$

であり，最終的に $d = s_m^*$（実現最大値）として p 値

$$p = 1 - F_a(S_{a-1}, Y_a, d)$$

が得られる．

以上，大変簡略的に述べたが，条件分布が既知の形式では得られず，それを漸化的に計算しつつ並行して p 値計算を進める高度なプログラムが完成している．より詳しく知りたい読者は Hirotsu (2017) を参照して欲しい．もし，実務的な応用に興味があるのなら，完全なプログラムが Hirotsu and Tsuruta (2017) にあり，それは筆者のホームページでダウンロードできる．

なお，そのプログラムは2項分布系列に対して，関数 $b(y_i)$ を $b(y_i) = \{y_i!(n_i - y_i)!\}^{-1}$ と書き換えるだけでそのまま応用できる．たとえば，新型コロナ感染者数時系列に適用する場合は，検査数の中の陽性者数というデータ形式なので2項分布型になる．Poisson 分布はその検査数が極めて大きく，感染率が非常に小さい場合に適用される分布と思えばよい．

【例題 2.8】　副作用自発報告系列への適用

まず，単調性仮説に対する max acc. $t1$ 法を適用する．$\hat{\lambda} = Y_a/a = 2.835$ に対して，最大統計量が $t_k(Y_k) = 3.497\,(k = 29)$ と得られ，有意確率は漸化式 (2.60) により 0.01 と知れる．$k = 29$ は 2006 年 4 月を指し，次の 5 月にかけて段差的に変化したことが示唆される．ところで，この手法は逐次的に適用される．したがって変化時点以降どこかの時点で検出され，警告などの処置が取られたはずである．そこで次の興味は，適切な処置を施した後，増加が減少に転じたか否かを検証することである．この変化をダウンターンと呼ぶが，形状としては上に凸型を示す．したがってこの検出に適切な統計量が符号を考慮した max acc. $t2$ ということになる．最大統計量は $s_m^* = 2.858$ と得られ，その有意確率は 0.0093，示唆されるダウンターンは第 48 時点（2007 年 10 月）という結果になる．

第3章

2元配置実験とその解析

本章は同時に二つの要因を取り上げ，要因間の相互作用を解析することが主題である．この相互作用を統計用語では交互作用と呼ぶ．まえがきでも述べたように，交互作用解析は統計解析の中心課題であるにも関わらず，世の中では通り一遍の総括的検定で済ませていることが多い．そもそも交互作用には次のような本質的問題があるのに，田口メソッドが第1項目を積極的に論じているのを除いて，類書ではあまり触れられていない．

1. 行および列をなす二つの要因には，制御因子，標示因子，変動因子，応答因子といった区別があり，その特徴に応じた解析が必要である．
2. 交互作用は一般に自由度が大きく，総括的検定ではデータの詳細をまったく説明できない．一方，交互作用に関して唯一よく知られている自由度1の多重比較法は検出力に乏しく，明快な結果は得られない．
3. しばしば，行および/または列の水準に自然な順序があり，それを考慮した解析が必要であるのに，1元配置で議論されているような単調解析は2元配置では発展させられていない．

類書でもよく取り上げられている行，列ともに制御因子の場合には，最大収率を生じる水準組合せを求めることが目的になる．ところがたとえ

ば広津 (1976) に与えられている，稲の国際的適応試験において行はコシヒカリ，ラファエロのような稲の 18 品種であり，列は新潟，ソウル，エジプトといった稲作 44 地域である．この場合，明らかに問題は行，列の最適組合せを求めることではなく，地域ごとに最適な稲品種を指定することが目的となる．つまり稲品種は制御可能な因子であるが，地域は制御不能な標示因子であり，稲品種との間の交互作用解析が主眼となる．すなわち，ここですべきことは各地域に対し，最適な稲品種を指定することであり，望ましいのはそれをばらばらに行うのではなく，応答の似通った地域をグループにまとめ，共通の最適品種を指示することである．また稲品種も地域に対して似通った応答をする種をグループとして保管できれば都合が良い．

広津 (1976) ではこのデータに対し，行および列ごとの多重比較を行い，地域を 6 群，品種を 4 群に分類している．とくに品種の 4 群は (1) 台湾で育成された品種，(2) インド型のいわゆる外米，(3) U. A. R. の Hybrid 種，(4) 日本，韓国，および米国産の日本型品種というように育種専門家の見解と完全に一致する明快な分類であった．実は，このデータに対し計量生物国際会議 (IBC, International Biometric Conference) において日本を含め，諸外国の研究者が様々に複雑な統計モデルを提案したが，ここに紹介した多重比較による分類がデータを最も良く説明する解釈可能な結果として受け容れられた．ところでこの例では行や列の水準に特別な順序がない．広津 (2018) では水準に自然な順序のある場合の交互作用解析として，第 10 章で単調パターン，第 11 章で凸性パターン分類の例を紹介しているが，本書ではそれらについては章を改め，第 4 章の経時測定データで詳しく紹介する．それではまず，交互作用の概念から始めよう．

3.1　交互作用とは

表 3.1 のデータは特殊なアルミニューム基盤印刷に要する定着時間（秒）であり，短い方が望ましい．要因は F: インク量，G: 乾燥温度の 2 因子で，それぞれ 2 水準である．括弧内は 4 個の平均であり，そのプロ

表 3.1　アルミニューム基盤印刷定着時間（秒）

インク供給量	乾燥温度 G_1 : 170℃				乾燥温度 G_2 : 280℃			
F_1 : 大	5.9	3.7	4.6	4.4	5.7	5.0	4.9	2.1
		(4.65)				(4.43)		
F_2 : 小	4.7	3.3	4.5	1.0	8.2	5.9	10.7	8.5
		(3.38)				(8.33)		

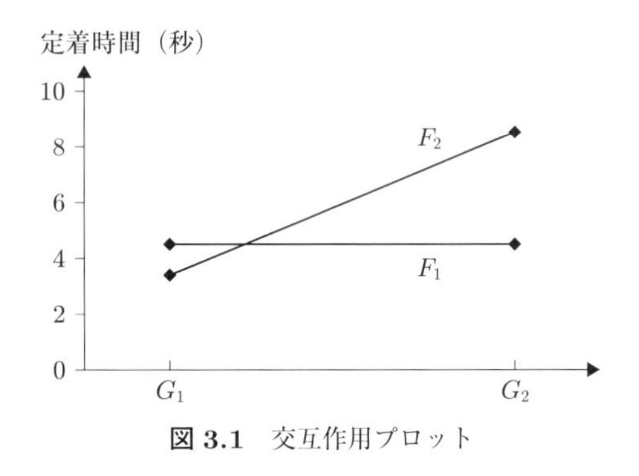

図 3.1　交互作用プロット

ットを図3.1に示している．

図3.1から要因 F，G には組合せ効果があり，F_1 と F_2 で最適な G の水準が異なっている．このような組合せ効果を交互作用（効果）と呼ぶ．とりあえず (F_2, G_1) の組合せが最適に見えるが，(F_2, G_2) の組合せ以外は皆似たり寄ったりで，設定の容易さなど他の条件を考慮して決める余地もありそうである．ここで一つ注意すべきことは，もし乾燥温度を280℃ (G_2) にセットして，まずインク量を選ぶための実験をすると F_1 が選択される．そこで改めて F_1 にセットして今度は温度を選ぶための実験を行うと，G_2 が選択され，図3.1で最も低い実験値を示している (F_2, G_1) の組合せを試すことなく，(F_1, G_2) を最適組合せと見なしてしまう可能性があることである．このように一度に1個の要因のみの比較を行ういわゆる "one at a time experiment" では，交互作用があると最適組合せを試すことなく見逃す危険性がある．この難点を克服するために，すべ

ての要因組合せについて無作為化繰返し実験を行うのが2元配置であり，次のような線形モデルで表される．

$$\begin{aligned} y_{ijk} &= \mu_{ij} + e_{ijk} \qquad (3.1) \\ &= \mu + \alpha_i + \beta_j + \gamma_{ij} + e_{ijk}, \\ &\qquad i = 1, \ldots, a, \quad j = 1, \ldots, b, \quad k = 1, \ldots, m \qquad (3.2) \end{aligned}$$

ここで e_{ijk} は互いに独立に正規分布 $N(0, \sigma^2)$ に従うものとする．繰返し数は不揃いのこともあるが，便宜上等しく m としておく．繰返し数不揃いの場合は線形推測の一般論に載せる必要があり簡単ではない．ただし，空欄のセルがない場合にはセル平均 $\bar{y}_{ij\cdot}$ を基にする簡便な方法が提案されており，Hirotsu (2017) で詳しく紹介されている．ここで交互作用を表すパラメータが γ_{ij} であり，組合せ効果を表すために2重添え字になっている．

パラメータ μ, α_i, β_j はそれぞれ一般平均，行の主効果，列の主効果と呼ばれるが，この言い方は正確ではない．というのは式 (3.1) を (3.2) のように書き直した際に，本来 ab 個の平均を表す未知パラメータ μ_{ij} を $(1 + a + b + ab)$ 個のパラメータで書き直しているため，新しいパラメータは μ_{ij} から一意に定められないからである．つまり，このままでは新しいパラメータが何を表しているのか不確定なのである．そこで巷間，何の疑いもなくよく行われているのが，次のような制約式を加えることである．

$$\begin{aligned} &\sum_{i=1}^{a} \alpha_i = 0; \quad \sum_{j=1}^{b} \beta_j = 0; \quad \sum_{i=1}^{a} \gamma_{ij} = 0, \quad j = 1, \ldots, b, \\ &\sum_{j=1}^{b} \gamma_{ij} = 0, \quad i = 1, \ldots, a \qquad (3.3) \end{aligned}$$

確かに制約式 (3.3) を加えることによって，新しいパラメータは一意に定められ，すべてのパラメータについて推定，検定が可能になる．一方，もしこのような制約式を入れないと，式 (3.2) の未知パラメータの内，推定可能なのは γ_{ij} の添え字 i, j についてクロスに（2重に）対比を取った式

のみである．それはたとえば，

$$(\gamma_{22} - \gamma_{21}) - (\gamma_{12} - \gamma_{11}) = \gamma_{22} - \gamma_{21} - \gamma_{12} + \gamma_{11} \tag{3.4}$$

のような式であり，これなら元の μ_{ij} から $\mu_{22} - \mu_{21} - \mu_{12} + \mu_{11}$ によって一意に生成され，μ_{ij} が推定可能だから推定可能である．この操作で他のパラメータ μ, α_i, β_j が消去され，γ_{ij} の対比が取り出されることは自明だろう．一方，α_i と β_j に関するどんな対比も γ_{ij} と独立には取り出せない，つまり，推定不可能であることは線形推測論の手解きを受けた読者なら容易に理解されることだろう．また，線形推測論では F 検定を，帰無仮説の設定による残差平方和の増分を誤差平方和に対して検定すると教えている．そうであればモデル (3.2) において，交互作用の帰無仮説

$$H_\gamma : \gamma_{11} = \gamma_{12} = \cdots = \gamma_{ab} = 0$$

は検定可能である．何故なら，この式は $H_\gamma : \mu_{ij} = \mu + \alpha_i + \beta_j$ と同値であり，その下での μ_{ij} の最小二乗法推定量が，制約式とは無関係に $\hat{\mu}_{ij} = \bar{y}_{i\cdot\cdot} + \bar{y}_{\cdot j\cdot} - \bar{y}_{\cdots}$ と得られるからである．

【例題 3.1】 帰無仮説 $\boldsymbol{H_\gamma}$ の下で，$\boldsymbol{\mu_{ij}}$ の推定量を，制約式を課さずに求める

最小二乗解（ハットを付けて表す）を求めるための正規方程式は以下のようになる，

$$abm\hat{\mu} + bm\hat{\alpha}_\cdot + am\hat{\beta}_\cdot = y_{\cdots}, \tag{1}$$

$$bm\hat{\mu} + bm\hat{\alpha}_i + m\hat{\beta}_\cdot = y_{i\cdot\cdot}, \qquad i = 1, \ldots, a, \tag{2}$$

$$am\hat{\mu} + m\hat{\alpha}_\cdot + am\hat{\beta}_j = y_{\cdot j\cdot}, \qquad j = 1, \ldots, b. \tag{3}$$

この連立1次方程式から，$b^{-1} \times (2) + a^{-1} \times (3) - (ab)^{-1} \times (1)$ という操作により，最小二乗解

$$\hat{\mu}_{ij} = \hat{\mu} + \hat{\alpha}_i + \hat{\beta}_j = \bar{y}_{i\cdot\cdot} + \bar{y}_{\cdot j\cdot} - \bar{y}_{\cdots}$$

が得られる．ここで制約式は一切使っていない．なお，ドットおよびバー

記法はここでも 1.1.1 項における定義に従う．

以上の準備から仮説に対する平方和 S_γ は，仮説の下での残差平方和 $S_0 = \sum_i \sum_j \sum_k (y_{ijk} - \bar{y}_{i\cdot\cdot} - \bar{y}_{\cdot j\cdot} + \bar{y}_{\cdots})^2$ から飽和モデルの残差平方和（誤差平方和）

$$S_e = \sum_i \sum_j \sum_k (y_{ijk} - \bar{y}_{ij\cdot})^2 \tag{3.5}$$

を引いて，

$$S_\gamma = S_0 - S_e = \sum_i \sum_j \sum_k (\bar{y}_{ij\cdot} - \bar{y}_{i\cdot\cdot} - \bar{y}_{\cdot j\cdot} + \bar{y}_{\cdots})^2$$

と得られる．この結果は類書のように制約式 (3.3) を課して，未知パラメータの最小二乗推定量を一つひとつ求めて得られる結果と一致する．すなわち，制約式は交互作用の検定に関しては類書の言う通り，単に便宜上のものであって無害である．次に，モデル (3.2) の下で

$$H_\alpha : \alpha_1 = \alpha_2 = \cdots = \alpha_a = 0$$

の検定を考えよう．ところが，H_α の制約を置いても，制約式 (3.3) を課さない限り，モデルの線形空間に変化はなく，$\hat{\mu}_{ij} = \bar{y}_{ij\cdot}$ となって誤差平方和に対する残差の増分は 0 である．すなわち，H_α の検定は意味をなさない．一方，制約式 (3.3) を課すと検定可能になるのは，制約式 (3.3) によりいわゆる主効果，

$$\alpha_i = \bar{\mu}_{i\cdot} - \bar{\mu}_{\cdot\cdot}, \quad \bar{\mu}_{i\cdot} = \sum_{j=1}^{b} \mu_{ij} \Big/ b, \quad \bar{\mu}_{\cdot\cdot} = \sum_{i=1}^{a} \sum_{j=1}^{b} \mu_{ij} \Big/ ab \tag{3.6}$$

を定義し，この特別に定義した効果の一様性を検定しているからである．注意しないといけないのは，単なる便宜上であれば制約式の入れ方は一意ではなく，いろいろな可能性がある．たとえば，本章の最初に述べた稲の国際試験の例で，地域ごとに作付面積は大きく異なる．そうであれば，第 i 品種の平均収率は j に関する単純平均 $\bar{\mu}_{i\cdot}$ で定義するより，各地域の作付面積の大きさに比例した重み ω_j ($\omega_\cdot = 1$) による荷重平均，

$$\mu_{i\cdot}^* = \sum_{j=1}^{b} (\omega_j \mu_{ij}) \tag{3.7}$$

で定義する方が妥当と思われる．同じように i に関する平均にも重み ν_i $(\nu_\cdot = 1)$ を導入し，以下のような荷重平均を導入する．

$$\mu_{\cdot j}^* = \sum_{i=1}^{a} (\nu_i \mu_{ij}), \tag{3.7$'$}$$

$$\mu_{\cdot\cdot}^* = \sum_{i=1}^{a} \sum_{j=1}^{b} (\nu_i \omega_j \mu_{ij}) \left(= \sum_{i=1}^{a} (\nu_i \mu_{i\cdot}^*) = \sum_{j=1}^{b} (\omega_j \mu_{\cdot j}^*) \right)$$

ここで，$\mu_{i\cdot}^*$ と一般平均 $\mu_{\cdot\cdot}^*$ の差 $\mu_{i\cdot}^* - \mu_{\cdot\cdot}^*$ を行の主効果 $\alpha_i^*, \mu_{\cdot j}^*$ と一般平均 $\mu_{\cdot\cdot}^*$ の差 $\mu_{\cdot j}^* - \mu_{\cdot\cdot}^*$ を列の主効果 β_j^*，そして交互作用を $\gamma_{ij}^* = \mu_{ij} - \mu_{i\cdot}^* - \mu_{\cdot j}^* + \mu_{\cdot\cdot}^*$ と定義すると

$$\mu_{ij} = \mu_{\cdot\cdot}^* + \alpha_i^* + \beta_j^* + \gamma_{ij}^*$$

というモデルが得られる．新しいパラメータは制約式

$$\sum_{i=1}^{a} (\nu_i \alpha_i^*) = 0, \quad \sum_{j=1}^{b} (\omega_j \beta_j^*) = 0, \quad \sum_{i=1}^{a} (\nu_i \gamma_{ij}^*) \quad = 0, \quad \sum_{j=1}^{b} (\omega_j \gamma_{ij}^*) = 0 \tag{3.8}$$

を満たし，元の μ_{ij} (3.1) と1対1に対応する．言い換えると，新しいパラメータを定義する式 (3.7), (3.7)$'$ と制約式 (3.8) は1対1に対応する．

さて，制約式を課すことにより主効果，交互作用などの新しいパラメータは元の μ_{ij} と1対1に対応し，したがってすべて推定可能であり，仮説検定も可能である．ところがここで往々にして見落としがちなことは，制約式 (3.3) と (3.8) の違いに関わらず普遍に保たれるのは交互作用対比の推論に限ることである．すなわち，これらの制約式を単なる一意性条件 (identifiability condition) と呼ぶのは誤りであって，主効果の推論はただちに制約式に依存する．制約式は単に便宜上のものではないのである．ここで，交互作用に関する次の定理は重要である．

定理 3.1　**交互作用帰無仮説の普遍性**

ある荷重系による交互作用について帰無仮説 $H_{\gamma^*}: \gamma^*_{11} = \gamma^*_{12} = \cdots = \gamma^*_{ab} = 0$ が成立するとき，他の任意の荷重系による交互作用帰無仮説 H_{γ^*} も成立する．すなわち，交互作用に関する帰無仮説 H_{γ^*} は荷重系に依存しない．

この定理は Scheffé (1959) によるが，その丁寧な解説を Hirotsu (2017) に与えている．つまり，交互作用に関しては類書に言う「制約式は便宜上のもので無害である」という説明は正しい．一方，このことが主効果について成立しないことは，図 3.2 に与える簡単な交互作用プロットの例から明らかである．

まず，F_i, $i = 1, 2$ に関する主効果を，それぞれ $j = 1, 2$ の単純平均 (3.6) で定義するとどちらも等しくなり，主効果の帰無仮説：$\alpha_1 = \alpha_2$ は真である．次に制約式 (3.8)，あるいは定義式 (3.7) において，$\omega_1 = 1$, $\omega_2 = 0$ とすると結局 G_1 水準での比較になり，$\alpha_2 > \alpha_1$ という設定になる．$\omega_1 = 0, \omega_2 = 1$ ではその反対の設定になる．つまり，制約式により仮説検定の内容が異なってくる．とくに，この例で，等荷重によって F の主効果はないと言われても実情に即しない．因子 G と組み合わせたときに F の水準は結果に大きく影響する，つまり F の効果は確かにあるので，解釈に十分注意する必要がある．一般的に，交互作用が存在するときに主効果を議論する意義は小さく，組合せ効果を議論するのが妥当である．

それでは最後に，交互作用がない場合のプロット（図 3.3）を見て欲しい．この場合は F_1 と F_2 の効果の差は G の水準によって変わらない．したがって，どのような荷重で主効果 α_i を定義しても，$\alpha_2 - \alpha_1$ の大きさは変わらない．制約式は便宜上のものであり，無害と言える．この場合の統計モデルは

$$\mu_{ij} = \bar{\mu}_{i\cdot} + \bar{\mu}_{\cdot j} - \bar{\mu}_{\cdot\cdot}$$

と表され，加法モデルと呼ばれる．行平均や列平均をどの荷重系で定義し

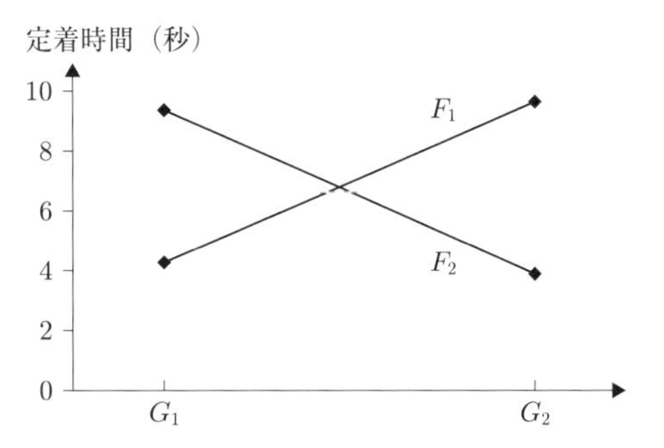

図 3.2　交互作用があって主効果が意味をなさないパターン

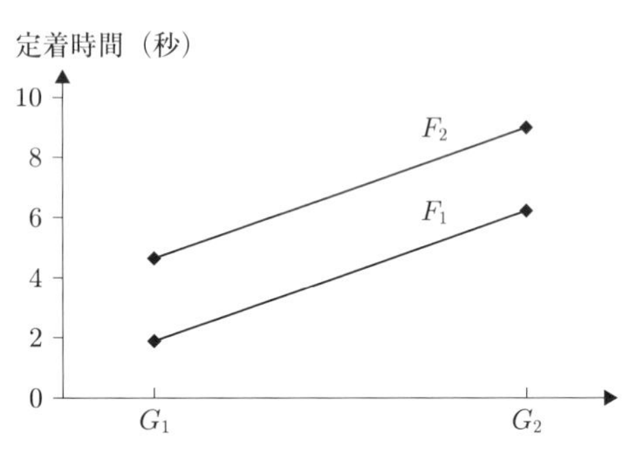

図 3.3　交互作用が存在しない場合のプロット

ても，主効果の大きさ $\alpha_2 - \alpha_1$ は同じである．

3.2　総括的検定と分散分析表

応用上あまり有用とは言えないが，手始めに標準的な交互作用の総括的検定について述べる．繰返し数を等しく m と仮定すると，すでに述べたように統計モデルは

$$y_{ijk} = \mu_{ij} + e_{ijk}, \qquad i = 1, \ldots, a, \quad j = 1, \ldots, b, \quad k = 1, \ldots m,$$

と表され，帰無仮説は

$$H_\gamma : \mu_{ij} = \bar{\mu}_{i\cdot} + \bar{\mu}_{\cdot j} - \bar{\mu}_{\cdot\cdot}$$

と同値である．この場合は $\mu_{ij} = \mu + \alpha_i + \beta_j + \gamma_{ij}$ と分解し，通常のように $H_\gamma : \gamma_{11} = \gamma_{12} = \cdots = \gamma_{ab} = 0$ と考えてもよい．一方，荷重系をどう取っても同じ結果が得られるということは，とくにそれを意識しないで話を進めることも可能ということにつながる．実際，制約式とは無関係に残差平方和（誤差平方和）S_e (3.5) と仮説に対する平方和

$$S_\gamma = \sum_i \sum_j \sum_k (\bar{y}_{ij\cdot} - \bar{y}_{i\cdot\cdot} - \bar{y}_{\cdot j\cdot} + \bar{y}_{\cdot\cdot\cdot})^2$$
$$= m \sum_i \sum_j (\bar{y}_{ij\cdot} - \bar{y}_{i\cdot\cdot} - \bar{y}_{\cdot j\cdot} + \bar{y}_{\cdot\cdot\cdot})^2 \quad (3.9)$$

はすでに求めている．S_e は ab 個のセルについてセル平均を引いた二乗和を構成しているので，第 1 章で述べたように

$$E(S_e) = ab(m-1)\sigma^2$$

を満たし，自由度は $ab(m-1)$ である．S_γ の期待値計算は，初等的には二乗を展開して計算するなどいくつかの方法があるが，結果は

$$E(S_\gamma) = (a-1)(b-1)\sigma^2 + m \sum_i \sum_j (\mu_{ij} - \bar{\mu}_{i\cdot} - \bar{\mu}_{\cdot j} + \bar{\mu}_{\cdot\cdot})^2$$

となり，自由度は $(a-1)(b-1)$ である．これから導かれる F 統計量は，1 元配置の項を参照して，

$$F_\gamma = \frac{S_\gamma}{(a-1)(b-1)} \Big/ \frac{S_e}{ab(m-1)} \quad (3.10)$$

となる．F 分布の自由度は $\{(a-1)(b-1), ab(m-1)\}$，非心度は

$$\lambda_\gamma = m \sum_i \sum_j (\mu_{ij} - \bar{\mu}_{i\cdot} - \bar{\mu}_{\cdot j} + \bar{\mu}_{\cdot\cdot})^2 \Big/ \sigma^2 \quad (3.11)$$

である．

もし，交互作用が検出されたなら，主効果の推測に普遍的な意味はなく，組合せ効果を議論する．その場合，行，あるいは列単位の多重比較が推奨され，次節で詳しく述べる．交互作用が無視できるようであれば，主効果の推測に進むことができる．その場合，因子 A について考えるとき

は，因子 B の水準はあたかも繰返しと見なし，繰返し数 bm の1元配置を考えればよい．すなわち，因子 A の変動を表す平方和は式 (2.7) を参照して，

$$S_A = \sum_{i=1}^{a} bm(\bar{y}_{i\cdot\cdot} - \bar{y}_{\cdots})^2 = \sum_{i=1}^{a} y_{i\cdot\cdot}^2 \Big/ (bm) - \frac{y_{\cdots}^2}{abm} \tag{3.12}$$

となる．この自由度は $(a-1)$，F 統計量は

$$F_A = \frac{S_A}{a-1} \Big/ \frac{S_e}{ab(m-1)} \tag{3.13}$$

で与えられ，非心度は

$$\lambda_A = bm \sum_i \sum_j (\bar{\mu}_{i\cdot} - \bar{\mu}_{\cdot\cdot})^2 \Big/ \sigma^2 \tag{3.14}$$

である．同様に，因子 B の変動を表す平方和は

$$S_B = am \sum_{j=1}^{b} (\bar{y}_{\cdot j\cdot} - \bar{y}_{\cdots})^2 = \sum_{j=1}^{b} y_{\cdot j\cdot}^2 \Big/ (am) - \frac{y_{\cdots}^2}{abm} \tag{3.15}$$

となる．自由度は $(b-1)$，F 統計量は，

$$F_B = \frac{S_B}{b-1} \Big/ \frac{S_e}{ab(m-1)} \tag{3.16}$$

で与えられ，非心度は

$$\lambda_B = am \sum_i \sum_j (\bar{\mu}_{\cdot j} - \bar{\mu}_{\cdot\cdot})^2 \Big/ \sigma^2 \tag{3.17}$$

である．以上の平方和は，総平方和

$$\begin{aligned} S_T &= \sum_i \sum_j \sum_k (y_{ijk} - \bar{y}_{\cdots})^2 = \sum_{i=1}^{a} \sum_{j=1}^{b} \sum_{k=1}^{n} y_{ijk}^2 - \frac{y_{\cdots}^2}{abm} \\ &= S_A + S_B + S_\gamma + S_e \end{aligned} \tag{3.18}$$

の分解を与えている．以上の結果は分散分析表3.2にまとめられるが，主

表 3.2　2 元配置の分散分析表

要因	平方和	自由度	平均平方	F	非心度
主効果 A	S_A (3.12)	$a-1$	$S_A/(a-1)$	F_A (3.13)	λ_A (3.14)
主効果 B	S_B (3.15)	$b-1$	$S_B/(b-1)$	F_B (3.16)	λ_B (3.17)
交互作用 γ	S_γ (3.9)	$(a-1)(b-1)$	$S_\gamma/(a-1)(b-1)$	F_γ (3.10)	λ_γ (3.11)
誤差	S_e (3.5)	$ab(m-1)$	$S_e/\{ab(m-1)\}$		
計	S_T (3.18)	$abm-1$			

効果の検定が普遍的な意味を持つのは交互作用が検出されない場合に限ることに注意する．さらに後の例題 3.2 で用いるために，全要因効果を表す

$$S_{AB} = S_A + S_B + S_\gamma = \sum_{i=1}^{a}\sum_{j=1}^{b} y_{ij\cdot}^2 \Big/ m - \frac{y_{\cdots}^2}{abm} \tag{3.19}$$

を定義しておく．

【例題 3.2】　表 3.1 のデータの解析

まず，S_T，S_A，S_B をそれぞれ定義式の第 2 式で求める．これらの式を書き下す法則性は明らかと思うが，二乗項の除数はドットで足されている数と覚えるのが便利である．

$$S_T = \sum_{i=1}^{2}\sum_{j=1}^{2}\sum_{k=1}^{4} y_{ijk}^2 - \frac{y_{\cdots}^2}{16} = 86.35 \tag{3.18}$$

$$S_A = \sum_{i=1}^{2} y_{i\cdot\cdot}^2 \Big/ 8 - \frac{y_{\cdots}^2}{16} = 6.89 \tag{3.12}$$

$$S_B = \sum_{j=1}^{2} y_{\cdot j\cdot}^2 \Big/ 8 - \frac{y_{\cdots}^2}{16} = 22.33 \tag{3.15}$$

次に，

$$S_{AB} = \sum_{i=1}^{2}\sum_{j=1}^{2} y_{ij\cdot}^2 \Big/ 4 - \frac{y_{\cdots}^2}{16} = 56.00 \tag{3.19}$$

表 3.3 例題 3.1 の分散分析表

要因	平方和	自由度	平均平方	F
主効果 F	6.89	1	6.89	
主効果 G	22.33	1	22.33	
交互作用 γ	26.78	1	26.78	10.59
誤差	30.35	12	2.53	
計	86.35	15		

を計算する．以上の準備から交互作用平方和と誤差平方和は引き算によって次のように求められる，

$$S_\gamma = S_{AB} - S_A - S_B = 26.78,$$

$$S_e = S_T - S_{AB} = 30.35.$$

以上の結果を分散分析表 3.3 にまとめる．

自由度 $(1, 12)$ の F 分布の上側 0.01 点は 9.33 なので，交互作用に対する F 統計量 10.59 は高度に有意である．これは，F_2 に対しては G_1，F_1 に対しては G_2 が適切であるという交互作用の存在を示唆していることに他ならない．この二つの組合せの優劣は，たとえば t 検定で比べることができる．つまり，差 $3.38 - 4.43 = -1.05$ の分散が $4^{-1}\sigma^2 + 4^{-1}\sigma^2 = 2^{-1}\sigma^2$ であること，σ^2 が $S_e/\{ab(m-1)\} = 2.53$ で推定されることから，

$$t = \frac{-1.05}{\sqrt{2^{-1} \times 2.53}} = -0.93$$

が得られる．自由度はもちろん 12 である．この結果は有意水準 0.05 で有意ではない．どちらを選択するかは取り扱いの容易さなど，他の要因を考慮して決定すればよい．たとえば F_1 の方が乾燥温度の変化に対して安定しているので，$(F_1,\ G_2)$ という選択もありである．いずれにせよ交互作用が有意なので，主効果の検定はあまり意味がない．たとえば等荷重の荷重系によって，F の主効果は有意水準 0.05 で有意ではないという結果が得られるが，それは F_1 と F_2 をそれぞれ G_1, G_2 の両方と組み合わせたときの平均に差がないというだけで，実際上何の意味も持たない．

この例は交互作用の自由度が 1 なので，有意差の解釈は比較的容易である．より大きな自由度の場合には，単に有意差ありというだけでは有益なアクションに結び付かない．その場合に有用な多重比較法について次節以降で述べる．

3.3 交互作用の多重比較

3.3.1 交互作用対比

これまで繰り返し述べているように，総括的な F 検定は実際上あまり有用ではない．以下では交互作用対比の多重比較により，そのパターンを明らかにするという，類書にはないユニークな方法について述べる．交互作用については，

1. 繰返しのない 2 元配置では交互作用の推測ができない
2. 交互作用が検出されたら，セル平均で母平均を推定する

という二つの誤解が定着しているが，それらを克服するのが以下に述べる交互作用の多重比較法である．

さて，交互作用の対比としてすぐに思い浮かぶのは

$$\begin{aligned} A &: \mu_{ij} - \mu_{i'j} - \mu_{ij'} + \mu_{i'j'} \\ B &: \mu_{ij} - \bar{\mu}_{i\cdot} - \bar{\mu}_{\cdot j} + \bar{\mu}_{\cdot\cdot} \end{aligned} \tag{3.20}$$

などである．これらの式にモデル (3.2) を代入すると，制約式とは無関係に μ, α_i, β_j が消去され，γ_{ij} の対比が取り出されることは容易に確かめられるだろう．このうち A は要素数 $\binom{a}{2} \times \binom{b}{2}$ という大きな多重比較となるため，あまり効率が良くなく，得られる情報量も少ない．また，いくつか有意な要素が見つかったとしても，それらを総合して明確な解釈をし，実際のアクションに結び付けることは難しい場合が多い．

一方，B の解釈は明快だが交互作用というよりは，加法モデル $\mu_{ij} = \bar{\mu}_{i\cdot} + \bar{\mu}_{\cdot j} - \bar{\mu}_{\cdot\cdot}$ から外れ値的に突出したセルを検出することが目的になる．それなりに有用であるが，以下に述べる行ごと，あるいは列ごとの多重比

較でも，特異な行と特異な列の組合せとして検出されるのでここでは深入りしない．2元表の行ごとの多重比較は実は，2.3.3項(2)表2.11の例ですでに経験している．そこでは3用量に対するレスポンスプロファイルを，セル単位ではなくまさに行単位で比較している．それと同じように冒頭の稲の国際適応試験でも，セル単位の収率比較ではなく，各稲品種の地域に対するレスポンスプロファイルや，各地域の稲品種に対するレスポンスプロファイルを比較することに興味が持たれる．それでは，行単位の交互作用比較の定式化に進もう．

交互作用対比の基本は式(3.4)や(3.20)のように，行，ついで列に関してクロスに対比を取ることである．それを数理的に表現するために観測ベクトル

$$\boldsymbol{y} = (\boldsymbol{y}_1', \boldsymbol{y}_2', \ldots, \boldsymbol{y}_a')', \qquad \boldsymbol{y}_i = (y_{i1}, y_{i2}, \ldots, y_{ib})'$$

と平均ベクトル

$$\boldsymbol{\mu} = (\boldsymbol{\mu}_1', \boldsymbol{\mu}_2', \ldots, \boldsymbol{\mu}_a')', \qquad \boldsymbol{\mu}_i = (\mu_{i1}, \mu_{i2}, \ldots, \mu_{ib})'$$

を定義する．$\boldsymbol{y}$ は y_{ij} を $y_{11}, y_{12}, \ldots, y_{ab}$ のように添え字について辞書式に並べた ab 次元の列ベクトルで，$\boldsymbol{\mu}$ はその期待値である．ここでは簡単のため繰返し数 m は1とし，m が2以上のときはセル平均 $\bar{y}_{ij\cdot}$ を並べたベクトルを考えればよい．ここで交互作用対比を構成するのにクロスに対比を取ると表現したのは，まず2元表の第 i 行に対応する観測ベクトル $\boldsymbol{y}_i$ に関する対比を取り，次にその結果に関し今度は列に対応する j について（つまり，ベクトル $\boldsymbol{y}_i$ の b 個の要素に関して）対比を取ることを指す．それは数理的には観測ベクトル $\boldsymbol{y}$ に，行対比ベクトル $\boldsymbol{c}$ と列対比ベクトル $\boldsymbol{d}$ の直積 $(\boldsymbol{c}' \otimes \boldsymbol{d}')$ を乗じることによって実現できる．ここで一般に行列 $\boldsymbol{C} = \{c_{ij}\}_{k \times l}$, $\boldsymbol{D} = \{d_{ij}\}_{m \times n}$ に対し，直積は

$$\boldsymbol{C} \otimes \boldsymbol{D} = \begin{bmatrix} c_{11}\boldsymbol{D} & \cdots & c_{1j}\boldsymbol{D} & \cdots & c_{1l}\boldsymbol{D} \\ \vdots & \vdots & \vdots & \vdots & \vdots \\ c_{i1}\boldsymbol{D} & \cdots & c_{ij}\boldsymbol{D} & \cdots & c_{il}\boldsymbol{D} \\ \vdots & \vdots & \vdots & \vdots & \vdots \\ c_{k1}\boldsymbol{D} & \cdots & c_{kj}\boldsymbol{D} & \cdots & c_{kl}\boldsymbol{D} \end{bmatrix}_{km \times ln}$$

で定義され，ベクトルにもそのまま適用される．これにより，$(\boldsymbol{c}' \otimes \boldsymbol{d}')\boldsymbol{y} = (\boldsymbol{c}' \otimes \boldsymbol{d}')(\boldsymbol{y}_1', \boldsymbol{y}_2', \ldots, \boldsymbol{y}_a')'$ は，まず $\boldsymbol{y}_i$ について $\boldsymbol{c}$ で指定された対比を取り，ついでその結果に対し $\boldsymbol{d}$ で指定された対比を取ることになる．一番簡単な $a = b = 2$ の場合だと，

$$\boldsymbol{y} = (\boldsymbol{y}_1', \boldsymbol{y}_2')' = (y_{11}, y_{12}, y_{21}, y_{22})'$$

であり，これに $\boldsymbol{c} = (-1, 1)', \boldsymbol{d} = (-1, 1)'$ を適用すると，

$$\begin{aligned} (\boldsymbol{c}' \otimes \boldsymbol{d}')\boldsymbol{y} = \boldsymbol{d}'(\boldsymbol{y}_2 - \boldsymbol{y}_1) &= (y_{22} - y_{21}) - (y_{12} - y_{11}) \\ &= y_{22} - y_{21} - y_{12} + y_{11} \end{aligned}$$

となって確かに交互作用対比が生成される．なお，$\boldsymbol{c} \otimes \boldsymbol{d}$ を先に計算してから転置すると，

$$(\boldsymbol{c} \otimes \boldsymbol{d})' = \begin{pmatrix} -\boldsymbol{d} \\ \boldsymbol{d} \end{pmatrix}' = (-\boldsymbol{d}', \boldsymbol{d}') = (1, -1, -1, 1)$$

となり，これを $\boldsymbol{y}$ に乗じると

$$(1, -1, -1, 1)(y_{11}, y_{12}, y_{21}, y_{22})' = y_{11} - y_{12} - y_{21} + y_{22}$$

となって同じ結果が得られる．このような行列の直積による表現は初学者には敬遠されがちだが，慣れれば交互作用対比の表現にこれほど便利な道具はない．その上，第 5 章の分割表の多重比較にも応用できるので，ぜひ習得して欲しい．

それでは一般に $a \times b$ 水準の 2 元配置で考えてみよう．この場合，$\boldsymbol{c}$ が a 次元，$\boldsymbol{d}$ が b 次元の対比ベクトルである．これ以降，これらの対比ベク

トルは分散が均一になるように規準化されているものとする．つまり，$\boldsymbol{c}$ と $\boldsymbol{d}$ の要素はそれぞれ和が 0 であると同時に，二乗和が 1 であるとする．たとえば，行の第 i 水準と第 i' 水準の差を表す対比は，第 i 番目の要素を $2^{-1/2}$，第 i' 番目の要素を $-2^{-1/2}$ として，

$$\boldsymbol{c}_{ii'} = (0, \ldots, 0, 2^{-1/2}, 0, \ldots, 0, -2^{-1/2}, 0 \ldots, 0)' \tag{3.21}$$

で与えられる．同様に列の第 j 水準と第 j' 水準の差を表す対比を $\boldsymbol{d}_{jj'}$ と表すと $(\boldsymbol{c}_{ii'} \otimes \boldsymbol{d}_{jj'})'\boldsymbol{y}$ によって式 (3.20)A に対応する交互作用規準化対比が取り出せる．しかし行比較のためには列の自由度は全部使って，行単位の χ^2 統計量，

$$\chi^2(i; i') = \|(\boldsymbol{c}'_{ii'} \otimes \boldsymbol{P}'_b)\boldsymbol{y}\|^2 \tag{3.22}$$

を構成する方が有効である．ただし，$\|\boldsymbol{u}\|^2 = \boldsymbol{u}'\boldsymbol{u}$ はベクトル $\boldsymbol{u}$ の要素の二乗和を表し，二乗ノルムと呼ばれる．$\boldsymbol{P}'_b$ は $(b-1) \times b$ 直交行列で，

$$\boldsymbol{P}_b\boldsymbol{P}'_b = \boldsymbol{I}_b - b^{-1}\boldsymbol{j}_b\boldsymbol{j}'_b, \qquad \boldsymbol{P}'_b\boldsymbol{P}_b = \boldsymbol{I}_{b-1} \tag{3.23}$$

を満たす．ここで，$\boldsymbol{I}_b$ は b 次元単位行列，$\boldsymbol{j}_b$ は 1 から成る単位ベクトル $\boldsymbol{j} = (1, 1, \ldots, 1)'$ で，いずれも次元が自明なときは添え字を省略する．$\boldsymbol{P}'_b$ は $\boldsymbol{j}$ に直交し，かつ互いに直交する $b-1$ 個の対比ベクトル $\boldsymbol{d}'$ を並べたもので，直交対比であることだけが条件なので一意ではない．一つのイメージとして，たとえば $b = 3$ のときに，次式のようなものを思い浮かべればよい．

$$\boldsymbol{P}'_3 = \begin{bmatrix} 2^{-1/2} & -2^{-1/2} & 0 \\ 6^{-1/2} & 6^{-1/2} & -2 \times 6^{-1/2} \end{bmatrix}$$

他にもいろいろ考えられ $\boldsymbol{P}'_b$ は一意ではないが，どう選んでも式 (3.23) の二つの式の右辺はそれぞれ一意に定まる．ちなみに，$\boldsymbol{P}_b\boldsymbol{P}'_b$ は面白いオペレータで，$\boldsymbol{y}_i$ に作用すると

$$\boldsymbol{P}_b\boldsymbol{P}'_b\boldsymbol{y}_i = (\boldsymbol{I}_b - b^{-1}\boldsymbol{j}_b\boldsymbol{j}'_b)\boldsymbol{y}_i = \boldsymbol{y}_i - \bar{y}_{i\cdot}\boldsymbol{j}_b$$

のように，平均を引いた平均偏差ベクトルに置き換える．したがって，

$$\|\boldsymbol{P}_b'\boldsymbol{y}_i\|^2 = \boldsymbol{y}_i'\boldsymbol{P}_b\boldsymbol{P}_b'\boldsymbol{y}_i = \boldsymbol{y}_i'\boldsymbol{P}_b\boldsymbol{P}_b'\boldsymbol{P}_b\boldsymbol{P}_b'\boldsymbol{y}_i$$
$$= \|\boldsymbol{y}_i - \bar{y}_{i\cdot}\boldsymbol{j}_b\|^2 = \sum_{j=1}^{b}(y_{ij} - \bar{y}_{i\cdot})^2 \tag{3.24}$$

が成り立ち，$\|\boldsymbol{P}_b'\boldsymbol{y}_i\|^2$ は偏差平方和を互いに独立な $(b-1)$ 個の規準化二乗和で表したものになっている．つまり，$(\boldsymbol{c}_{ii'}' \otimes \boldsymbol{d}_{jj'}')\boldsymbol{y}$ の二乗を考える替わりに，$(\boldsymbol{c}_{ii'}' \otimes \boldsymbol{P}_b')\boldsymbol{y}$ の要素の二乗和を考えることにより，列に関して全自由度 $b-1$ を尽くした χ^2 統計量が作られる．実は，$\chi^2(i;i')$ (3.22) は元の 2 元表から 2 行 i, i' を取り出した $2 \times b2$ 元表における通常の交互作用平方和 S_γ (3.9) に他ならない．ただし本項では $m = 1$ であり，次のように書き下すこともできる．

$$\chi^2(i;i') = 2^{-1}\sum_{j=1}^{b}\{(y_{ij} - \bar{y}_{i\cdot}) - (y_{i'j} - \bar{y}_{i'\cdot})\}^2 \tag{3.25}$$

本節では交互作用の構造や分布論の説明のために行列を導入しているが，このように多くの場合，実際に用いる統計量は分散分析表並みの平易さに帰着させることができる．とくに，直交行列 $\boldsymbol{P}_b'$ は偏差平方和の χ^2 性や，独立性，自由度などを説明する道具として大変便利なのでぜひ利用して欲しい．では，このあたりで具体的なデータを考えよう．

表 3.4 は Johnson and Graybill (1972) から引用した，肥料の種類と土壌のタイプを 2 要因とするとうもろこしの収率データである．繰返しのない 2 元配置のデータとして提示されているので誤差分散の推定量が得られず，通常の F 検定は適用できない．ここで肥料の種類とは，石灰 (lime) 処理と亜鉛 (Zn)，マンガン (Mn) などの添加物量の組合せで 7 水準，土壌の質は 3 水準である．この交互作用プロットは図 3.4 (1) と (2) に与える

【例題 3.3】　表 3.4 のデータに対する行の対比較の統計量

図 3.4(1) によると，石灰処理 1，2，6 はいろいろな土壌に対する反応

表 3.4 とうもろこしの収率データ (bushels per acre)

石灰処理	Pounds per acre	Minor elements added	土壌のタイプ 1. Very fine sandy loam	2. Sandy clay loam	3. Loamy sand
1.No lime	0	None	11.1	32.6	63.3
2.Course slag	4000	None	15.3	40.8	65.0
3.Medium slag	4000	None	22.7	52.1	58.8
4.Agricultural slag	4000	None	23.8	52.8	61.4
5.Agricultural limestone	4000	None	25.6	63.1	41.1
6.Agricultural slag	4000	B, Zn, Mn	31.2	59.5	78.1
7.Agricultural limestone	4000	B, Zn, Mn	25.8	55.3	60.2

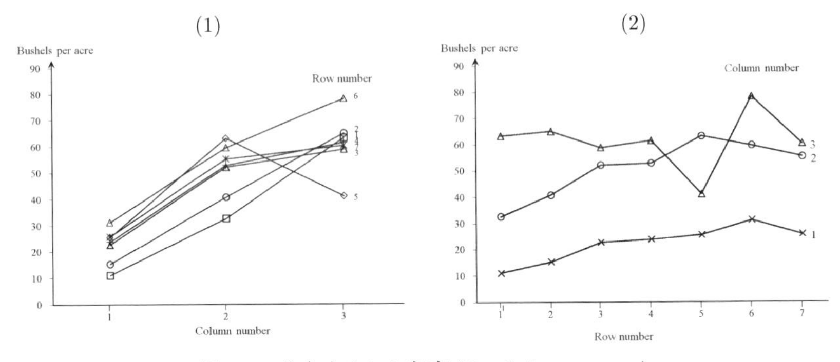

図 3.4 とうもろこし収率 (bushels per acre)

が似通っており，処理5とはかなり異なっている．また，処理3，4，7はそれらの中間に位置するように見える．これらのことが数理的な行比較によって明らかにできるだろうか．そこで，行対比 (3.21) を用いた行の対比較の統計量 $\chi^2(i;i')$ (3.25) をすべての $(i;i')$ の組合せについて計算すると，表 3.5(1) のようになる．星印 ** や * は後で述べる有意性検定の結果を表している．統計量 $\chi^2(i;i')$ は今後簡単のため行間 χ^2 距離と呼ぶことにする．表 3.5(1) はこのままでは見にくいので，距離の小さい行同士は近くに，大きい行は遠くに配置するように並べ替えると表 3.5(2) のようになる．これによりクラスター (1，2，6)，および (3，4，7) 内では相互の二乗距離が小さく均一であり，処理5が他とクラスターを作らず特異であることが見て取れる．また，有意性を示す * や ** はすべてクラスターをまたいだ行比較に現れており，これらの結果は図 3.4(1) を見たときの直観と極めてよく一致する．次項でこの χ^2 距離の統計的有意性評

表 3.5 対比較の統計量 $\chi^2(i;i')$ (3.25) の計算

(1) 原表

行	1	2	3	4	5	6	7
1	0	13.4	149.6**	126.3**	730.0**	37.4	174.4**
2		0	84.4*	67.0*	574.7**	8.1	103.8**
3			0	1.0	218.9**	42.8	1.0
4				0	249.5**	30.8	4.0
5					0	451.5**	190.8**
6						0	57.6*
7							0

(2) 並べ替えた表

行	1	2	6	4	3	7	5
1	0	13.4	37.4	126.3**	149.6**	174.4**	730.0**
2		0	8.1	67.0*	84.4*	103.8**	574.7**
6			0	30.8	42.8	57.6*	451.5**
4				0	1.0	4.0	249.5**
3					0	1.0	218.9**
7						0	190.8**
5							0

価について述べる.

3.3.2 行間 χ^2 距離の統計的有意性評価

表 3.5 に与えた数値はそれぞれ $b-1$ 個の要素の規準化二乗和であり，式 (3.22) の係数行列が正規直交系であることからも分かるように $\sigma^2\chi^2_{b-1}$ に従う．しかし我々はそれらの最大値に興味があり，さらにクラスター $G_1(1,2,6)$, $G_2(3,4,7), G_3(5)$ の間の二乗距離にも興味がある．ちなみに，たとえばクラスター G_1, G_3 の間の二乗距離は次のように定義される．

$$\chi^2(G_1;G_3) = \|(\boldsymbol{c}'_{G_1,G_3} \otimes \boldsymbol{P}'_b)\boldsymbol{y}\|^2,$$

$$\boldsymbol{c}_{G_1,G_3} = \left(\frac{1}{\sqrt{12}}, \frac{1}{\sqrt{12}}, 0, 0, \frac{-3}{\sqrt{12}}, \frac{1}{\sqrt{12}}, 0\right)' \qquad (3.26)$$

この式において $\boldsymbol{c}_{G_1,G_3}$ がどう選ばれているかは自明だろう．クラスター G_1, G_3 の差を表し，規準化対比の条件である和0，二乗和1を満たしている．実は式 (3.26) の $\chi^2(G_1; G_3)$ は，群 G_1, G_3 に含まれるそれぞれの y_{ij} の行平均から成る $2 \times b2$ 元表の交互作用平方和 S_γ の $2p_1p_3/(p_1 + p_3)$ 倍に他ならない．ただし，p_1, p_3 は 群 G_1, G_3 に含まれる行数で，この例では $p_1 = 3$, $p_3 = 1$ である．先の $\chi^2(i; i')$ (3.25) では行数がどちらも1のため，この係数が1であった．$\chi^2(G_1; G_3)$ も式 (3.25) のように書き下すことが可能であるが，むしろ2元表の交互作用平方和を経由して求める方が簡単だろう（例題3.4参照）．ところで $\boldsymbol{c}_{G_1,G_3}$ と表記されるようなあらゆる行対比は一般に，

$$\boldsymbol{c} = (c_1, c_2, c_3, c_4, c_5, c_6, c_7)', \qquad \boldsymbol{c}'\boldsymbol{j} = 0, \quad \|\boldsymbol{c}\|^2 = \boldsymbol{c}'\boldsymbol{c} = 1 \tag{3.27}$$

と表現することができる．したがって，あらゆる行間の χ^2 距離の最大は

$$\max_{\boldsymbol{c}'\boldsymbol{j}=0, \|\boldsymbol{c}\|^2=\boldsymbol{c}'\boldsymbol{c}=1} \|(\boldsymbol{c}' \otimes \boldsymbol{P}_b')\boldsymbol{y}\|^2 \tag{3.28}$$

と表現することができる．ただし max は式 (3.27) の条件を満たすあらゆる規準化対比に関する最大を意味し，その中にはもちろん行間や，任意のクラスター間の二乗距離が含まれる．したがってたとえば，表3.5の数値を保守的に評価するのに利用できる．この最大統計量 (3.28) は具体的に，交互作用対比 $y_{ij} - \bar{y}_{i\cdot} - \bar{y}_{\cdot j} + \bar{y}_{\cdot\cdot}$ を並べた $a \times b$ 行列を $\boldsymbol{Z}'$ として $\boldsymbol{Z}'\boldsymbol{Z}$ の最大固有値として求められる．この最大統計量の分布論は Hirotsu (1983) で得られており，帰無仮説の下で，Wishart 行列 $\boldsymbol{W}\{\sigma^2\boldsymbol{I}_{\min(a-1,b-1)}, \max(a-1, b-1)\}$ の最大根 W_1 の分布に従うことが分かっている．

ところでこの分布は攪乱母数 σ^2 を含んでいるので，実際に適用するにはそれを何らかの方法で消去する必要がある．繰返しがある場合には表3.2の誤差平方和に対する平均平方で推定できるので，二乗距離をその平均平方で除した式を検定統計量として $W_1/[S_e/\{ab(n-1)\}]$ の分布で評価すればよい．それについては Hirotsu (2017) に詳しく述べているので，ここでは引き続き繰返しのない場合について話を進める．この場合は，最大根 W_1 を全交互作用平方和

$$S_\gamma = \|(\boldsymbol{P}_a' \otimes \boldsymbol{P}_b')\boldsymbol{y}\|^2 = \sum_i \sum_j (y_{ij} - \bar{y}_{i\cdot} - \bar{y}_{\cdot j} + \bar{y}_{\cdot\cdot})^2 \qquad (3.29)$$

で除した W_1/S_γ の分布が Johnson and Graybill (1972) や Kuriki and Takemura (2001) によって研究されている．なお，S_γ (3.29) は式 (3.9) で $m = 1$ としたものであり，$\boldsymbol{Z}'\boldsymbol{Z}$ の対角要素の和と一致する．したがってまた，$\boldsymbol{Z}'\boldsymbol{Z}$ の全固有値の和と一致する．誤差平方和で除した場合と併せて具体的な有意確率計算式は Hirotsu (2017) の第 10 章に与えられている．Johnson and Graybill は限られた範囲であるが，$\alpha = 0.01$ および 0.05 に対し $\Pr(W_1/S_\gamma \geq h_\alpha) = \alpha$ となる有意点 h_α を与えている．その表は広津 (1992) に付表 14 として掲載されているので簡単に利用できる．任意の二乗距離 S は最大根 W_1 以下の値しか取らないのでこの評価式で保守的に評価できる．さらに，$W_1/S_\gamma \geq h_\alpha$ は $W_1 \geq \{h_\alpha/(1-h_\alpha)\}(S_\gamma - W_1)$ と同値なので，S を S_γ で除して h_α と比較する替わりに，直接棄却限界値

$$\frac{h_\alpha}{1-h_\alpha}(S_\gamma - W_1) \qquad (3.30)$$

と比較する方が効率が良い．

【例題 3.4】 例題 3.3 の続き—クラスターへの分類—

表 3.5(2) の結果から，クラスター $G_1(1,2,6)$, $G_2(3,4,7), G_3(5)$ の存在が示唆されると述べた．とくに，G_1 と G_2 を併合した $G_{1\&2}(1,2,3,4,6,$ $7)$ と $G_3(5)$ 間の二乗距離が大きいと考えられるのでまずそれを計算すると，

$$\chi^2(G_{1\&2}; G_3) = \|(\boldsymbol{c}_{G_{1\&2},G_3}' \otimes \boldsymbol{P}_b')\boldsymbol{y}\|^2 = 647.95,$$

$$\boldsymbol{c}_{G_{1\&2},G_3} = \left(\frac{1}{\sqrt{42}}, \frac{1}{\sqrt{42}}, \frac{1}{\sqrt{42}}, \frac{1}{\sqrt{42}}, \frac{-6}{\sqrt{42}}, \frac{1}{\sqrt{42}}, \frac{1}{\sqrt{42}}\right)'$$

が得られる．この計算は行列演算を行ってもよいが，補助表 3.6 を利用して次のように計算することもできる．

まず，補助表 3.6 に対する交互作用平方和 $S(G_{1\&2}; G_3)$ を求める．そ

表 3.6　$\chi^2(G_{1\,\&\,2}; G_3)$ 計算のための補助表

	土壌のタイプ			
石灰処理群	1. Very fine sandy loam	2. Sandy clay loam	3. Loamy sand	計
1. 群 $G_{1\,\&\,2}$ の平均	21.65	48.85	64.47	134.97
2. 群 G_3（第5行）	25.60	63.10	41.10	129.80
計	47.25	111.95	105.57	264.77

れを分散分析表を経由せず直接求めるには，以下の公式が便利である．

$$
\begin{aligned}
S(G_{1\,\&\,2}; G_3) &= \sum_i \sum_j y_{ij}^2 - \sum_i y_{i\cdot}^2/3 - \sum_j y_{\cdot j}^2/2 + y_{\cdot\cdot}^2/6 \\
&= 13337.6059 - \frac{134.97^2 + 129.80^2}{3} \\
&\quad - \frac{47.25^2 + 111.95^2 + 105.57^2}{2} + \frac{264.77^2}{6} \\
&= 377.95
\end{aligned}
$$

ここで，行数は $p_{1\,\&\,2} = 6, p_3 = 1$ なので，

$$
\chi^2(G_{1\,\&\,2}; G_3) = \left\{ 2 \times 6 \times \frac{1}{6+1} \right\} \times 377.95 = 647.95
$$

が得られる．

さらに，全交互作用平方和 $S_\gamma = 947.43$ と Wishart 行列 $\boldsymbol{Z}'\boldsymbol{Z}$ の最大根 $W_1 = 943.04$ も得られる．このデータは，最大根 W_1 が全交互作用平方和 S_γ の 99.5% を占めるという特徴がある．

さて，Johnson and Graybill によると，$h_{0.05} = 0.9168$ と $h_{0.01} = 0.9587$ であり，棄却限界値 (3.30) は $\alpha = 0.05$ と $\alpha = 0.01$ に対しそれぞれ 48.37 および 101.91 となる．したがって，クラスター $G_{1\&2}$ と G_3 の間の二乗距離 647.80 は高度に有意である．次に同様の計算により，χ^2 $(G_1; G_2) = 258.67$ が得られ，この二乗距離も高度に有意である．各クラスター内の二乗距離に有意な要素はなく，やはり3個のクラスター G_1, G_2, G_3 への分類に意味があると言ってよい．なお，表 3.5 の対比較の二

乗距離の有意性もここで用いた棄却限界値 (3.30) による結果である．そこで示されている有意な要素も，この 3 クラスターへの分類できれいに説明される．

この例では行や列の水準に特別な順序はなく，列も行とまったく同じように解析できる．行と列を転置して同じ計算プログラムにかければよい．

【例題 3.5】 例題 3.4 の続き—列の分類—

列間の二乗距離は $\chi^2(1;2) = 70.44$，$\chi^2(1;3) = 467.43$, および $\chi^2(2;3) = 883.27$ と計算される．この結果からクラスター $K_1 = (1,2)$ および $K_2 = (3)$ が示唆され，その二乗距離は $\chi^2(K_1; K_2) = 876.99$ である．この値は行のクラスター $G_{1\&2}$ と G_3 の間の二乗距離 647.80 よりも大きく，全交互作用平方和 $S_\gamma = 947.43$ の 93% を占める．$\chi^2(1;2)$ も有意水準 0.05 で有意ではあるが，その S_γ への寄与率は極めて小さい．そこで，列は 2 個のクラスター K_1 および K_2 で説明されると言ってよいだろう．以上の結果は図 3.4 (2) を見たときの印象ともよく合致する．一般にモデルを規定するパラメータ数は小さい程推定効率が良い．次項で説明するブロック交互作用モデルについても，パラメータ数が小さい方が推定効率が良いのは当然である．

3.3.3 ブロック交互作用モデル

例題 3.4 の解析では行に 3 個のクラスターが示唆され，それらは 2 個の直交する行対比ベクトル $\boldsymbol{c}_{G_{1\&2},G_3} = 42^{-1/2}(1,1,1,1,-6,1,1)'$，$\boldsymbol{c}_{G_1,G_2} = 6^{-1/2}(1,1,-1,-1,0,1,-1)'$ で識別された．列では例題 3.5 により，$\boldsymbol{d}_{K_1,K_2} = 6^{-1/2}(1,1,-2)'$ で識別される 2 個のクラスターが示唆された．このことは，このデータの実質的な交互作用の自由度が $2(= (3-1) \times (2-1))$ であることを意味する．つまり，H_γ の下での加法モデルを $\boldsymbol{\mu}_+$ とおいて，示唆された交互作用モデルを

$$\boldsymbol{\mu} = \boldsymbol{\mu}_+ + \{(\boldsymbol{c}_{G_{1\&2},G_3}, \boldsymbol{c}_{G_1,G_2}) \otimes \boldsymbol{d}_{K_1,K_2}\}(\eta_1, \eta_2)' \tag{3.31}$$

と表現することができる．加法モデルに当たる $\boldsymbol{\mu}_+$ は具体的に，第 $b(i-$

$1) + j$ 要素が $\bar{\mu}_{i\cdot} + \bar{\mu}_{\cdot j} - \bar{\mu}_{\cdot\cdot}$ である ab 次元の列ベクトルである．式 (3.31) 右辺第2項の交互作用モデルは，行を3個，列を2個のブロックに分けた結果，全部で $3 \times 2 = 6$ 個のブロックに分け，ブロック内には共通の数値を割り当てていることが分かる．したがって，モデル (3.31) はクラスター G_u および K_v に対する交互作用パラメータを η_{uv} として，次のように表現することもできる．この例では，$u = 1, 2, 3, v = 1, 2$ である．

$$\mu_{ij} = \bar{\mu}_{i\cdot} + \bar{\mu}_{\cdot j} - \bar{\mu}_{\cdot\cdot} + \eta_{ij},$$
$$\text{ただし}\ \eta_{ij} = \eta_{i'j'} = \eta_{uv} \quad \text{for}\ i, i' \in G_u,\ j, j' \in K_v \tag{3.32}$$

式 (3.32) は行 i と i' が同じ群に属し，かつ列 j と j' が同じ群に属するとき，交互作用効果 η_{ij} と $\eta_{i'j'}$ が等しいことを表している．ここで得られたような交互作用モデルをブロック交互作用モデルと名付ける．なお，この例では6個のブロックがあるが，自由度が2であることに対応し，式 (3.31) はパラメータ2個 η_1, η_2 で表現されている．式 (3.31) と (3.32) はもちろん同値なモデルである．

ブロック交互作用モデル (3.31) の最小二乗法による推定量を得るのは極めて簡単である．まず，モデル (3.31) において交互作用 $\boldsymbol{\eta} = (\eta_1, \eta_2)'$ と加法モデル $\bar{\mu}_{i\cdot} + \bar{\mu}_{\cdot j} - \bar{\mu}_{\cdot\cdot}$ の表す線形空間が直交していることから，これらは観測ベクトル $\boldsymbol{y}$ からそれぞれ独立に推定することができる．加法モデル $\boldsymbol{\mu}_+$ の部分はもちろん $\bar{y}_{i\cdot} + \bar{y}_{\cdot j} - \bar{y}_{\cdot\cdot}$ で推定されるので，それを $\hat{\boldsymbol{\mu}}_+$ と置くことにする．一方，交互作用 $\boldsymbol{\eta}$ の係数行列は規準化され，直交化された2本のベクトルに他ならないから，左から転置行列を掛けると単位行列 $\boldsymbol{I}_2$ になる．つまり，モデル $\boldsymbol{y} = \boldsymbol{\mu}\,(3.31) + \boldsymbol{\varepsilon}$ の両辺に左から転置行列 $\{(\boldsymbol{c}_{G_{1\&2}, G_3}, \boldsymbol{c}_{G_1, G_2}) \otimes \boldsymbol{d}_{K_1, K_2}\}'$ を乗じるとただちに推定量

$$\hat{\boldsymbol{\eta}} = \{(\boldsymbol{c}_{G_{1\&2}, G_3}, \boldsymbol{c}_{G_1, G_2})' \otimes \boldsymbol{d}'_{K_1, K_2}\}\boldsymbol{y} \tag{3.33}$$

が得られる．結局セル平均の推定量は

$$\hat{\boldsymbol{\mu}} = \hat{\boldsymbol{\mu}}_+ + \{(\boldsymbol{c}_{G_{1\&2}, G_3}, \boldsymbol{c}_{G_1, G_2}) \otimes \boldsymbol{d}_{K_1, K_2}\}\hat{\boldsymbol{\eta}} \tag{3.34}$$

で与えられる．一方，式 (3.32) に対応した交互作用推定量の表現は

$$\hat{\eta}_{uv} = \frac{\sum_{i\in G_u}\sum_{j\in K_v} y_{ij}}{n(G_u)n(K_v)} - \frac{\sum_{i\in G_u}\bar{y}_{i\cdot}}{n(G_u)} - \frac{\sum_{j\in K_v}\bar{y}_{\cdot j}}{n(K_v)} + \bar{y}_{\cdot\cdot} \tag{3.35}$$

で与えられる．ただし，$n(G_u)$ および $n(K_v)$ はそれぞれ G_u および K_v に含まれる行および列数である．

この分散は最小二乗法の一般論から次式で与えられる．

$$V(\hat{\mu}_{ij}) = \left[\frac{a+b-1}{ab} + \frac{(a-n(G_u))(b-n(K_v))}{abn(G_u)n(K_v)}\right]\sigma^2 \tag{3.36}$$

式 (3.34) の右辺の 2 項が互いに独立であることから，式 (3.36) 右辺の二つの項はそのそれぞれに対応する分散である．より詳しくは Hirotsu (2017) 第 10 章を参照して欲しい．

【例題 3.6】　例題 3.5 の続き—セル平均の推定—

表 3.7 に与えた推定値は，式 (3.33) による交互作用の推定値 $\hat{\boldsymbol{\eta}}$ を左側 (1) に，式 (3.34) によるセル平均の推定値を右側 (2) に配置し，式 (3.36) による分散の係数を括弧内に与えている．水準は順序を入れ替え，クラスターごとにブロックを成すようにする．つまり，式 (3.32) の表現に対応し，同じクラスター G_u, K_v に属する水準が一塊になるように作表しており，ブロック交互作用モデルの構造を具体的に表している．この例では $\hat{\boldsymbol{\eta}} = (\hat{\eta}_1, \hat{\eta}_2)' = (-24.542, -15.667)'$ と求められ，$\hat{\boldsymbol{\mu}}$ (3.34) の第 2 項はこの $\hat{\boldsymbol{\eta}}$ を代入して求められる．その表現で，$\{(\boldsymbol{c}_{G_{1\&2},G_3}, \boldsymbol{c}_{G_1,G_2}) \otimes 6^{-1/2}(1,1,-2)'\}(\hat{\eta}_1, \hat{\eta}_2)'$ は $\hat{\mu}_{ij}$ を添え字に関して辞書式に並べており，$\hat{\mu}_{11}$ はその第 1 要素として $(42\times 6)^{-1/2}\hat{\eta}_1 + (6\times 6)^{-1/2}\hat{\eta}_2 = -4.157$ のように得られる．読者は式 (3.35) による推定を試みて，一致することを確かめて欲しい．表 3.7(2) の推定値はこれに加法モデルの推定値を加えて

$$\hat{\mu}_{11} = \frac{107}{3} + \frac{155.5}{7} - \frac{939.6}{21} - 4.157 = 8.98$$

のように求められる．この数値は見やすいように 9.0 と丸めている．なお，行の水準 5 と，列の水準 3 の組合せは他の水準とクラスターを成さないので，表 3.4 のただ 1 個のデータ $y_{53} = 41.1$ で推定され分散は σ^2 である．その他では分散はほぼ $\sigma^2/2$ であり，大きなクラスター程セル平均

表 3.7　セル平均 μ_{ij} の推定

	(1)μ_{ij} の加法モデルからの乖離 $\hat{\eta}_{uv}$			(2)$\hat{\mu}_{ij}$ およびその分散		
	列 j			列 j		
行 i	1	2	3	1	2	3
1	−4.16	−4.16	8.32	9.0 $(\frac{29}{63})$	37.7 $(\frac{29}{63})$	60.4 $(\frac{5}{9})$
2	−4.16	−4.16	8.32	13.7 $(\frac{29}{63})$	45.4 $(\frac{29}{63})$	65.1 $(\frac{5}{9})$
6	−4.16	−4.16	8.32	**29.6** $(\frac{29}{63})$	**58.3** $(\frac{29}{63})$	**81.0** $(\frac{5}{9})$
4	1.07	1.07	−2.13	24.5 $(\frac{29}{63})$	53.2 $(\frac{29}{63})$	60.3 $(\frac{5}{9})$
3	1.07	1.07	−2.13	23.1 $(\frac{29}{63})$	51.7 $(\frac{29}{63})$	58.8 $(\frac{5}{9})$
7	1.07	1.07	−2.13	25.6 $(\frac{29}{63})$	54.3 $(\frac{29}{63})$	61.4 $(\frac{5}{9})$
5	9.28	9.28	−18.55	**30.0** $(\frac{4}{7})$	**58.7** $(\frac{4}{7})$	41.1(1)

推定量の分散は小さい.

結論として，土壌タイプ 1，2 に対しては肥料 5 が良く，6 が僅差でそれに次ぐ．土壌タイプ 3 に対しては肥料 6 が良く 5 は大きく劣る．そこで，肥料，土壌ともに制御因子と考えられるなら (6, 3) が最適組合せである．もし，肥料は制御因子，土壌は標示因子と考えられるなら，土壌 3 に対して肥料 6，土壌 1，2 に対しては肥料 5 または 6 が良い．6 はすべての土壌タイプに対して安定して高収率を与えるという特長がある．

以上，表 3.4 のデータを基に交互作用に対する行，列ごとの多重比較と，結果として得られるブロック交互作用モデルについて詳しく説明した．繰返しのない 2 元配置だから交互作用の推測はできないと放置することに比べて，大きな進歩と思って貰えれば幸いである．そもそも冒頭で紹介した稲の国際適応試験は繰返しのない 2 元配置として筆者に提示され，このようなアプローチを思い付く契機となったデータである．

最後に，この繰返しのない 2 元配置で誤差分散 σ^2 の推定は興味のある難しい問題である．ブロック交互作用の当てはめはそこで節約された交互作用の自由度を用いて，この推定できないとされている分散 σ^2 の推定量も与えることができる．

一つの考え方は，モデル (3.31) に対する最小二乗法による残差平方和を自由度で除した

$$\tilde{\sigma}^2 = \|\boldsymbol{y} - \hat{\boldsymbol{\mu}}\|^2/f = \sum_i \sum_j (y_{ij} - \hat{\mu}_{ij})^2/f \tag{3.37}$$

を用いることである．ただし，自由度 f は行，列のクラスター数をそれぞれ A，B と置いて

$$\begin{aligned} f &= ab - \{a + b - 1 + (A-1)(B-1)\} \\ &= (a-1)(b-1) - (A-1)(B-1) \end{aligned} \tag{3.38}$$

で計算する．最後の式は交互作用の元々の自由度から，当てはめに用いた自由度を引いている．残差平方和（式 (3.37) の分子）は，この表現に対応して，$S_\gamma - \|\hat{\boldsymbol{\eta}}\|^2$ と表現することもできる．なお，通常の回帰分析は，やはり繰返しのないデータから系統的変動を回帰式によって取り出し，その残差で誤差を推定している．本節のアプローチとの決定的差異はその系統的変動をあらかじめモデルとして規定するか，ノンパラメトリックのまま進めるかにある．

【例題 3.7】 例題 3.6 の続き—誤差分散の推定—

すでに求めたように $S_\gamma = 947.43$ である．一方，

$$\|\hat{\boldsymbol{\eta}}\|^2 = \|(-24.542, -15.667)'\|^2 = (-24.542)^2 + (-15.667)^2 = 847.76$$

である．したがって，推定量 (3.37) が

$$\tilde{\sigma}^2 = \frac{947.43 - 847.76}{10} = 9.97 \tag{3.39}$$

のように得られる．$f = 10$ は式 (3.38) による．ただし，そもそもモデル (3.31) は残差平方和を最小化するように選択されたものだから，この推定量は分散の過小評価であることが否めない．一つの目安と考えるべきである．なお，Johnson and Graybill (1972) も σ^2 に対する 3 個の推定量 1.43（自由度 3.06），5（自由度 5），11.75（自由度 6）を提示しているが，その最適性はまったく論じていない．我々の推定量 (3.39) はその範

囲に収まっており，自由度が大きいこと ($f = 10$) は一つの良い性質と思われる．

本節は交互作用の多重比較で，行および列の水準に自然な順序のない場合を扱った．行や列に自然な順序が仮定される場合にはいろいろ面白いバリエーションがあって次章以降で扱われ，そこでも繰返しのない2元配置で交互作用推測が行われる．それらは言わば，パラメトリックとノンパラメトリックの中間で，単調性や凸性などの緩い仮定の下での推論である．

第 4 章

経時測定データ

経時測定データとは4.1節で解析する体内コレステロール量のように，経時的に測定された一連のデータを言う．通常は誤差に系列相関を想定するがここでは独立データとして扱うので，その意味では一般的ではない．ここでは時間をむしろ順序のある一つの因子として，2元配置の交互作用問題として捉えている．治療によりコレステロール量が下降，あるいは上昇したかに興味があるので，単調パターン推測の問題となる．コレステロールデータは1カ月おきに6カ月間のデータなので，誤差の相関は考える必要がなく，独立性は受け容れられる．一方，4.2節の血圧は30分ごとの24時間測定値であり，系列相関が無視できないので前処理により独立と見なされるデータに変換している．このデータでは後述のように経時的な凹凸パターンに興味がある．

4.1 経時的な単調パターンの解析

4.1.1 実薬，プラセボ2群比較のデータ

表4.1はコレステロール低下薬を投与しつつ，1カ月（4週）ごとに6カ月間測定が行われた体内コレステロール量データである．このデータは実薬投与12名，プラセボ投与11名の2重盲検完全無作為化による第Ⅲ相比較臨床試験の結果として得られた．このようなデータに対しかつては低下量の差の t 検定を毎月繰り返し，都合の良いところを採る後知恵解析

表 4.1　薬剤投与による体内コレステロール量6カ月間の推移

薬剤	被験者	時期（月） 1	2	3	4	5	6
被験薬	1	317	280	275	270	274	266
	2	186	189	190	135	197	205
	3	377	395	368	334	338	334
	4	229	258	282	272	264	265
	5	276	310	306	309	300	264
	6	272	250	250	255	228	250
	7	219	210	236	239	242	221
	8	260	245	264	268	317	314
	9	284	256	241	242	243	241
	10	365	304	294	287	311	302
	11	298	321	341	342	357	335
	12	274	245	262	263	235	246
プラセボ	13	232	205	244	197	218	233
	14	367	354	358	333	338	355
	15	253	256	247	228	237	235
	16	230	218	245	215	230	207
	17	190	188	212	201	169	179
	18	290	263	291	312	299	279
	19	337	337	383	318	361	341
	20	283	279	277	264	269	271
	21	325	257	288	326	293	275
	22	266	258	253	284	245	263
	23	338	343	307	274	262	309

がまかり通っていた．だからと言って，初期値と最終値の差だけを議論するのでは何のために途中のデータを取ったのか分からない．

この例について，まず，各被験者の推移を被験薬とプラセボ別にプロットしてみると図4.1のようになる．ただし，絶対レベルよりは改善，あるいは悪化といった変化に興味があるので，平均を差し引いてプロットしている．二つの図に一見大きな差異はないように見えるが，よく見るとプラセボではランダムな上下変動が多く，被験薬では下降（改善），上昇（悪化），平坦（不変）のような系統的推移を示した被験者が多いようである．この場合，興味があるのはコレステロール量の単なる変化ではなく，まさ

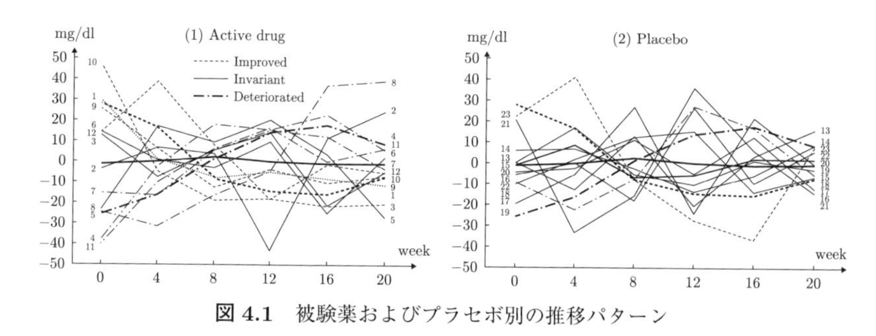

図 4.1　被験薬およびプラセボ別の推移パターン

に薬効に対応するこのような系統的変化である．すなわち，時点ごとの上下比較ではなく，このような系統的変化プロファイルを比較することが目的であり，まさに前章で行った行比較の問題となる．なお，図中の太線は，後述の解析で判明する改善（点線），不変（実線），悪化（一点鎖線）群の平均を表している．

4.1.2　解析の筋道

ここで，このデータの解析の考え方を整理しておこう．本来の問題は被験薬とプラセボの効果を1カ月ごと6期のコレステロール測定値に基づいて比べることである．6期のデータは単なる繰返しではなくこの間の上下推移変動に興味がある．つまり，時期は一つの因子であり，要因分析の対象である．そこで，被験者を繰返しとして，薬剤対時期の交互作用解析の問題と考えられるが，この種の問題で被験者は均一な繰返しとは考えられないことが問題を難しくする．たとえば図4.1のプロットで，被験薬とプラセボのそれぞれで被験者が一定の傾向を示しながらばらついていればよいのだが，実際は被験薬に鈍感な者もいれば，被験者23のようにプラセボに良く反応してしまうレスポンダーもいる．薬剤の効果はそのレスポンダーの多少に現れると考えるのが自然である．

一方，経時測定データ解析で定番の多変量解析では被験薬とプラセボのそれぞれに多変量正規分布 $N(\boldsymbol{\mu}_i, \boldsymbol{\Omega}), i = 1, 2$ を仮定し，平均ベクトル $\boldsymbol{\mu}_1, \boldsymbol{\mu}_2$ を比較する．しかし，この種のデータを数多く見てきた視点から，このモデルは受け容れにくい．何故なら，すぐ上で述べたようにある処方薬を投与された母集団が，プラセボに対し一斉に傾きの異なる平均ベクトルの分布に従うとは考えにくい．さらに，処方薬はもし効果があるなら平均の推移パターンを変化させるのだから，処置の施されないプラセボと同じ分散行列に従うという等分散性の仮定は受け容れられない．さらに，指向性のない一般的な検定ではなく，$\boldsymbol{\mu}_1$ と $\boldsymbol{\mu}_2$ の差異に対して薬効に応じた適切な対立仮説を設定すべきであるという問題点もある．

それらの難点に対して，23人の被験者をレスポンスの違いで群分けした後，薬剤によるレスポンダーの多少を比較することが考えられる．そこで，まず，被験者23水準，時期6水準の2元表データとして交互作用解析を行う．ただし総括的な検定は意味がないので，時間軸に沿った上昇，下降変動を主眼として，行単位の多重比較を行おうと言うわけである．なお，被験者が一様で差がないという帰無仮説（3.1節の加法モデル）の下では，図4.1のプロットは誤差の範囲ですべて平行になる．そうではなく，どんな推移パターンが抽出されるのか興味津々である．

ここで2元表解析として注意すべきことは完全無作為化によるデータではなく，経時的なデータであることである．ただし，幸いなことに測定が1カ月おきなので系列相関は考えなくてよい．その替わり時間軸に沿った平均のゆっくりした系統的変動に注目しようというのが筋書きである．つまり最初に行うのは2元配置 (23×6) 交互作用解析であるが，それを総括的検定ではなく，行単位の多重比較として行う．また交互作用効果として単なる帰無仮説の否定ではなく，時期に応じた上昇，下降，平坦といった系統的変化を想定した指向性検定を行うというのが筋書きである．なお，データは第3章の繰返しのない2元配置と同形式なので，同じく $\boldsymbol{y}$ で表す．

4.1.3　上昇，下降，平坦を類別する行単位の多重比較法

行単位の多重比較はすでに3.3節の式 (3.28) で登場している．それを単調パターン分類に応用するには，式 (2.33) を利用すればよい．すなわち，式 (3.28) ですべての列対比を代表した $\boldsymbol{P}_b'$ をすべての単調対比を代表する式 (2.33) に置き換えればよい．ただし，実際には式 (2.33) の各行

を二乗和が 1 になるように規準化した $\boldsymbol{P}_b^{*\prime}$ で置き換え，

$$\max_{\boldsymbol{c}'\boldsymbol{j}=0, \|\boldsymbol{c}\|^2=\boldsymbol{c}'\boldsymbol{c}=1} \|(\boldsymbol{c}' \otimes \boldsymbol{P}_b^{*\prime})\boldsymbol{y}\|^2 \tag{4.1}$$

を最大統計量とする．これは基本統計量を累積 χ^2 ベースにするためである．比べたい行，あるいは群に応じて行対比 $\boldsymbol{c}'$ を，たとえば式 (3.21) や (3.26) のように選択すればよい．ここまでは薬剤群の区別なくシャッフルしたデータによる解析だが，その後，被験薬とプラセボでどちらにレスポンダーがより多いかを比べることになる．

【例題 4.1】 表 4.1 のデータにおける行間の $\boldsymbol{\chi^2}$ 距離

具体的に被験者 i と i' の間の χ^2 距離は

$$\begin{aligned}\chi^{*2}(i;i') &= \|(\boldsymbol{c}_{ii'} \otimes \boldsymbol{P}_b^{*})'\boldsymbol{y}\|^2 \\ &= \frac{1}{2}\sum_{l=1}^{b-1}\frac{bl}{b-l}\left\{\left(\frac{y_{i1}+\cdots+y_{il}}{l} - \bar{y}_{i\cdot}\right) - \left(\frac{y_{i'1}+\cdots+y_{i'l}}{l} - \bar{y}_{i'\cdot}\right)\right\}^2\end{aligned} \tag{4.2}$$

で与えられる．ただし，$y_{ij}, y_{i'j}$ は被験者 i, i' の第 j 時期のコレステロール量測定値である．ここで b は測定時期数で，この例では 6 に等しい．式 (4.2) を式 (3.25) と比べると，前者は χ^2 距離の定義式を $\boldsymbol{P}_b$ から $\boldsymbol{P}_b^*$ に変更した結果，測定時期に沿った累積和で構成され，同時に規準化のための係数が加わっていることが分かる．つまり，この式は $l = 1, \ldots, 5$ について被験者 i, i' の第 l 時期までの累積和の差を規準化し，二乗した統計量を足し込んでいる．この計算結果は表 4.2 のようになる．χ^2 距離小は類似，大は上昇・下降の差が大きいことを示す．なお表 4.2 において，被験者は距離の小さいもの同士は近く，大きいものは遠くなるように並べ替えている．それは表 3.5(2) で行ったのと同じ措置である．

4.1.4 分類の有意性評価のための分布論

さて，表 4.2 では被験者に 3 個のクラスターがあるように見える．本項ではその統計的有意性評価の問題を考える．行間あるいは群間の χ^2 はす

表 4.2　被験者間の χ^2 距離

行	23	3	1	9	10	6	12	13	14	15	16	17	20	21	22	5	2	19	7	18	4	11	8
23		0.7	1.0	0.9	1.2	1.5	2.0	4.4	2.1	2.1	3.7	3.6	2.9	4.9	4.6	4.8	4.3	5.9	7.0	7.7	8.8	11.7	16.7
3			1.0	1.1	1.8	1.7	1.8	5.1	2.7	2.1	3.2	3.0	3.1	4.6	4.8	3.4	5.5	5.7	6.6	7.4	8.5	11.5	18.4
1				0.03	0.3	0.4	0.5	2.5	1.0	0.8	1.6	1.7	1.3	1.8	2.3	2.6	3.0	3.5	3.9	4.2	6.0	8.1	12.7
9					0.4	0.3	0.07	2.2	0.7	0.6	1.4	1.5	1.0	1.7	2.0	2.5	2.6	3.2	3.6	3.8	5.6	7.6	11.9
10						1.1	0.4	3.3	1.6	1.7	2.8	3.2	2.2	2.6	3.5	4.7	3.6	5.0	5.4	5.6	8.1	10.1	13.7
6							1.4	1.3	0.3	0.3	0.8	0.7	0.5	1.1	1.0	1.7	1.9	2.1	2.2	2.6	3.7	5.5	9.7
12								1.3	0.5	0.4	0.6	0.4	0.5	0.9	1.0	1.3	2.2	1.9	1.9	2.2	3.4	5.2	9.7
13									0.4	0.8	0.7	1.0	0.4	1.4	0.5	2.2	0.3	0.5	0.8	1.0	1.5	4.3	2.3
14										0.1	0.5	0.7	0.1	1.2	0.6	1.7	0.7	1.1	1.5	1.8	2.7	4.0	7.1
15											0.3	0.5	0.1	1.2	0.7	1.1	1.1	1.1	1.5	1.9	2.7	4.1	8.0
16												0.2	0.2	0.8	0.5	0.6	1.3	0.5	0.7	1.0	1.6	2.8	6.8
17													0.4	1.0	0.5	0.4	1.8	0.8	0.8	1.2	1.5	3.0	7.6
20														0.9	0.3	1.2	0.7	0.7	1.0	1.2	2.0	3.1	6.4
21															0.7	1.7	2.5	1.8	1.1	0.9	2.8	3.6	7.0
22																1.2	1.1	0.7	0.4	0.5	1.2	2.0	5.0
5																	3.2	1.3	1.2	1.7	1.8	3.2	9.1
2																		0.9	1.6	1.9	2.3	3.0	4.4
19																			0.4	0.7	0.6	1.3	4.3
7																				0.09	0.4	0.8	3.8
18																					0.7	0.9	3.5
4																						0.4	3.5
11																							2.0
8																							

べて式 (4.1) の最大統計量で上から押さえられる．その最大統計量は $a \geq b$ のとき，帰無仮説（加法モデル）の下で Wishart 行列 $\boldsymbol{W}(\sigma^2 \boldsymbol{P}_b^{*\prime} \boldsymbol{P}_b^*, a-1)$ の最大根 W_1^* の分布に従う．第 3 章との違いは分散行列が単位行列ではなく，$\sigma^2 \boldsymbol{P}_b^{*\prime} \boldsymbol{P}_b^*$ となることだけである．正確な分布論は複雑になるが，その一方，$\boldsymbol{P}_b^{*\prime} \boldsymbol{P}_b^*$ の固有値が一様ではなく，最大根が $b/2$ となって，全体 $(b-1)$ の半分を超えることから，

$$\frac{b}{2}\sigma^2 \chi_{(1)}^2 \tag{4.3}$$

が最大統計量の大変良い χ^2 近似を与え，かえって手軽に応用できる．ただし，$\chi_{(1)}^2$ は累積 χ^2 の特徴付けの式 (1.53) で登場した成分と同種の χ^2 統計量であるが，$a \times b$ 2 元表に基づくことから自由度は $a-1$ である．なお，下記の式 (4.5) に登場する $\chi_{(2)}^2, \ldots, \chi_{(b-1)}^2$ の自由度も同様である．

さて，式 (4.3) は未知の分散 σ^2 を含んでいるので，このままでは評価に使えない．そこで第 3 章で行ったように最大統計量を全交互作用平方和 S_γ で除した統計量を扱うことが考えられるが，本項では時間順序を考慮に入れたより良い方法がある．すなわち，分子の統計量である行間や群間の χ^2 が順序に沿う系統的な変動を捉えるように構成されたのに対し，分母は noisy な短期変動を捉えるように構成すると，撹乱母数 σ^2 を消去しつつ系統的変動を強調することができる．そのためには除数として $\boldsymbol{P}_b^* \boldsymbol{P}_b^{*\prime}$ の一般逆行列から構成した 2 次形式

$$\chi^{*-2} = \sum_{k=1}^{a} \sum_{j=1}^{b-1} \left\{ \frac{y_{kj-1} - y_{kj} - (\bar{y}_{\cdot j-1} - y_{\cdot j})}{[b/\{j(b-j)\}]^{1/2}} \right\}^2 \tag{4.4}$$

を用いればよい．この式は

$$\chi^{*-2} = \{\tau_1^{-1}\chi_{(1)}^2 + \tau_2^{-1}\chi_{(2)}^2 + \cdots + \tau_{b-1}^{-1}\chi_{(b-1)}^2\}\sigma^2 \tag{4.5}$$

と展開できる．ただし，$\tau_j = b/\{j(j+1)\}$ は $\boldsymbol{P}_b^* \boldsymbol{P}_b^{*\prime}$ の非零の固有値で，$\tau_1 = b/2$ が最大固有値である．そこで，最大統計量を χ^{*-2} で除した W_1^*/χ^{*-2} の帰無仮説の下での分布が

$$\frac{\tau_1\chi^2_{(1)}}{\tau_1^{-1}\chi^2_{(1)}+\tau_2^{-1}\chi^2_{(2)}+\cdots+\tau_{b-1}^{-1}\chi^2_{(b-1)}}$$

で良く近似されることになる．したがって最大統計量を χ^{*-2} で除した観測値 s_0 の p 値は

$$p=\Pr\left(\frac{W_1^*}{\chi^{*-2}}\geq s_0\right)=\Pr\left\{\frac{\tau_1\chi^2_{(1)}}{\tau_1^{-1}\chi^2_{(1)}+\tau_2^{-1}\chi^2_{(2)}+\cdots+\tau_{b-1}^{-1}\chi^2_{(b-1)}}\geq s_0\right\}$$
$$=\Pr\left\{\frac{(\tau_1-s_0\tau_1^{-1})\chi^2_{(1)}}{\tau_2^{-1}\chi^2_{(2)}+\cdots+\tau_{b-1}^{-1}\chi^2_{(b-1)}}\geq s_0\right\} \tag{4.6}$$

で評価される．この最後の式は分子と分母が互いに独立になるように変形されている．さらに，式 (4.6) の分母は独立な χ^2 統計量の荷重和なので，χ^2 統計量の定数倍 $d\chi^2_f$ で良く近似される．定数 d, f は 2 次モーメントまでを合わせる次式で計算すればよい，

$$df=(a-1)(\tau_2^{-1}+\cdots+\tau_{b-1}^{-1}),$$
$$d^2f=(a-1)(\tau_2^{-2}+\cdots+\tau_{b-1}^{-2}).$$

式 (4.6) の分子と分母をそれぞれ (χ^2/自由度) の形式になるように調整すると，最終的に自由度 $(a-1,f)$ の F 分布を用いた評価式 (4.7) が得られる．すべての群間，行間の χ^2 距離は χ^{*-2} で除した後，式 (4.7) によって安全側で評価される．その詳細は Hirotsu (2017) を参照されたい．

$$p=\Pr\left\{F_{a-1,f}\geq\frac{s_0(\tau_2^{-1}+\cdots+\tau_{b-1}^{-1})}{\tau_1-s_0\tau_1^{-1}}\right\} \tag{4.7}$$

【例題 4.2】　例題 4.1 続き—分類の有意性と結果の解釈—

式 (4.7) による評価は例題 4.1 で示した行間の χ^2 距離 $\chi^{*2}(i;i')$ を χ^{*-2} で除した統計量にもそのまま適用できるが，有意水準 0.05 で有意となる要素は存在しない．2 群間での最大を探し評価すると p 値はやっと 0.104 である．しかし，表 4.2 では仕切りで示したように，3 個のクラスターが

示唆されている．そこでその分類の有意性を検討しよう．3 個のクラスターの差を表す対比を定義できればよいのだが，これまでの行間や，2 群間の χ^2 に対するように一意には定められない．そこで，3 個のクラスターの差を表すあらゆる行対比の中で χ^2 距離が最大となるものを探すことにする．すなわち，最大統計量

$$\chi_{\boldsymbol{c}}^{*2} = \max_{\boldsymbol{c}} \|(\boldsymbol{c}' \otimes \boldsymbol{P}_b^{*\prime})\boldsymbol{y}\|^2$$

を多群間の χ^2 距離とするが，行対比 $\boldsymbol{c}$ は $\boldsymbol{c}'\boldsymbol{j} = 0, \|\boldsymbol{c}\|^2 = \boldsymbol{c}'\boldsymbol{c} = 1$ に加えて，同じクラスターに属する行は同じ係数を持つという条件を満たす．今，m 個のクラスターがあるとして各クラスターの大きさを q_l とすると，それは幸いなことに

$$\boldsymbol{P}_b^{*\prime} \sum_{l=1}^{m} \{q_l(\bar{\boldsymbol{y}}_{\cdot(l)} - \bar{\boldsymbol{y}}_{\cdot})(\bar{\boldsymbol{y}}_{\cdot(l)} - \bar{\boldsymbol{y}}_{\cdot})'\}\boldsymbol{P}_b^{*} \tag{4.8}$$

の最大固有値問題に帰着する．ただし，$\bar{\boldsymbol{y}}_{\cdot(l)}$ は l 番目のクラスター平均，$\bar{\boldsymbol{y}}_{\cdot}$ は総平均である．この最大固有値を多群間の一般化二乗距離と呼び，分類の寄与率の一つの目安とする（例題 4.4 参照）．この例では $m = 3$ で式 (4.8) の最大固有値を χ^{*-2} で除した値は 0.980 となり，それを式 (4.7) の s_0 に代入して評価すると有意確率 0.011 が得られる．すなわち，この 3 群への分類は有意水準 0.05 で有意である．この 3 群を群別にプロットすると図 4.2 のようになり，明らかに群 1 が改善，群 2 が不変，そして群 3 が悪化群である．各群の平均プロファイルは太線で示してある．なお，図 4.1 の点線（改善），実線（不変），一点鎖線（悪化）はこれらの平均プロファイルを示したものであった．ただし，図 4.2 の実線と点線は実薬とプラセボの区別を表している．

この結果，従来の方法では検出されなかった改善，不変，悪化の差が見事に抽出できるようになった．また，パターン分類して見せるだけでなく，分類の有意性の確度を理論的に与えることができた．かつて，推移パターンをグラフに表し，目の子で似通ったパターンをグルーピングしようとする医師の試みがあったそうだが，百人もの患者のパターンを見比べる

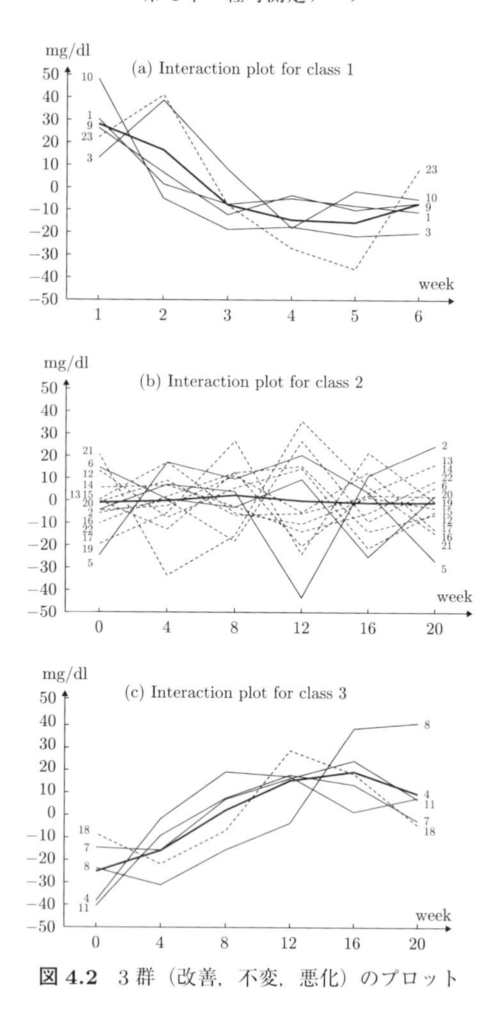

図 4.2　3群（改善，不変，悪化）のプロット

のでは，どちらへ分けるか境界線近くのパターンの判別が難しく，また，そもそも何種類のパターンがあるかも未知のため，結局失敗に終わったそうである．ここで用いた方法では何分類が妥当かの指標も与えることができる．なお，抽出した推移パターンは，単調性検定を用いた結果として，症状の改善，不変，悪化に対応し，まさに医師が日常行っている判定を科学的に行っていることに相当する．

最後に被験薬とプラセボの改善度分布を表 4.3 に示す．プラセボが不変

表 4.3 被験薬およびプラセボの改善度分布

	改善度のクラス		
薬剤	G_1 : 改善	G_2 : 不変	G_3 : 悪化
被験薬	4	4	4
プラセボ	1	9	1

群に集中しているのは大変合理的である．一方，被験薬は奇妙なことに改善，悪化，不変に均等に分布し，改善の期待できる患者が科学的に同定できない限りこの薬は認可に値しないであろう．医師はおそらく経験的に薬剤の効果を表 4.3 のような形で把握しているのではないかと思われる．なお，この例ではプラセボは不変に集中し，被験薬は改善，悪化，不変に均等に分布し相殺するので，両薬剤群の平均プロファイルは似通っている．したがって，平均ベクトルを比べる古典的な多変量解析では，両群に差は認められないという結論にしかならない．実際は平均の回りのばらつき方に違いがあったのである．この両者の分布の違いは，改めて図 4.1(1), (2) を見比べると納得されると思う．

最後に，このようなヒトに関わる計測値に外れ値は付き物である．この例でも改善群の被験者 3 と 23 の第 2 期のデータは全体として下降傾向にあるデータの中で上側への外れ値と見なされる．不変群においても，第 4 期において被験者 2 と 19 の測定値は下側，被験者 21 と 22 の測定値は上側への外れ値と見なされる．しかしここで用いた累積和に基づく方法は短期的なノイズを平滑化する特性があり，これらの外れ値に対して頑健である．外れ値に惑わされることなく，系統的変動を検出するという特長がある．外れ値についてより詳しい検討は，Hirotsu(1991) を参照されたい．

【例題 4.3】 メバロチン第Ⅲ相比較臨床試験

もう一つの実例として三共のヒット薬メバロチン（スタチン系の高脂血症薬）の治験データの一部を紹介する．症例数が 167 と多いので，生データは省略し，パターン分類結果の群平均を表 4.4(1) に与える．治験期間は 5 カ月である．この治験では対照薬も定評のある実薬であったため，

表 4.4　メバロチン第Ⅲ相試験解析結果

(1) パターン分類の結果

群	時期 1	2	3	4	5	改善度
1	402.3	292.0	250.3	257.7	289.3	超高度に改善
2	296.6	252.2	241.6	231.5	226.3	高度に改善
3	278.4	227.8	224.7	228.1	239.6	改善
4	260.1	252.2	256.1	253.6	241.9	やや改善
5	263.4	248.7	256.4	268.9	274.9	不変または僅かに悪化

(2) メバロチンおよび対照薬の改善度分布

薬剤	改善度群 1	2	3	4	5	合計
メバロチン	3	28	35	14	9	89
対照薬	0	6	11	33	28	78

極端な悪化群は認められず，超高度に改善から不変または僅かに悪化までの5群に分類されている．表4.4(2)は表4.3に対応し，2薬剤の改善度分布を表している．今度はメバロチンが明らかに高改善度側にシフトしているのが見て取れる．もちろん適切な指向性検定を適用すれば，超高度に有意という結果になる．このデータの詳しい解析はHirotsu (1991, 2017) を参照されたい．

4.2　経時的な凹凸プロファイルの解析

4.2.1　血圧24時間値プロファイルの特徴

コレステロール変化のプロファイル解析の論文を見た慶応大学医学部老年科教授から，血圧を30分ごと24時間測定した203名分のデータが持ち込まれた．歴史的には最初1978年に血圧には日内リズムがあって，夜間適度に低下し，日中上昇することが報告された．その後，自律神経失調者はその逆パターンを示すこと，また，リズムの失調した高齢者で，ある種の脳血管疾患のリスクが高いことも報告された．夜間低下するパタ

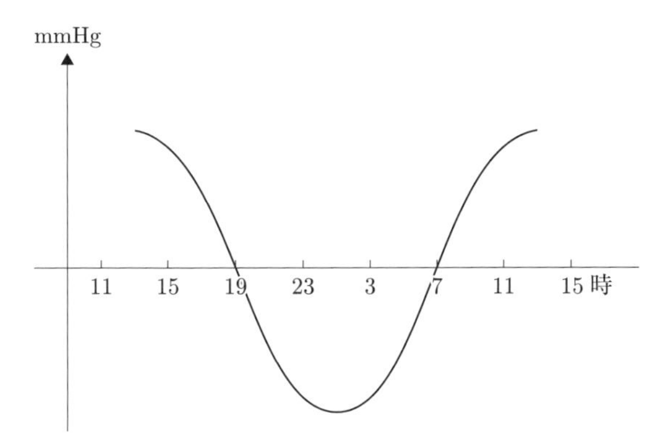

図 4.3　3 角関数の凸曲線近似

ーンはその形からひしゃくになぞらえて Dipper と呼ばれ，平坦は Non-dipper，上昇は Inverted dipper などと呼ばれている．このような背景から，コレステロール変化プロファイルを分類したように，血圧 24 時間値も分類できないかという相談であった．折しも朝日新聞（2003 年 5 月 12 日）などで，「血圧 1 日の変動を知り，健康を管理」との記事が掲載され，早朝高血圧が脳梗塞や心筋梗塞のリスクを高めると報じられた．この頃から高血圧治療において単なる降圧治療ではなく，24 時間プロファイルを適正にコントロールすることが目標とされるようになった．

ところで，今回のデータには 4.1 節のコレステロールデータと決定的に異なる点が二つある．第一は，コレステロール変化では上昇・下降のような単調パターンの検出に興味があったが，血圧 24 時間値は 24 時間後にほぼ初期値に戻るという周期性があり，前回の統計量は使えない．そこで一計を案じ，測定開始を 15 時とすると，プロットの中央が真夜中になる．つまりこのプロットで，下側に向かって凸型が正常，凹型（つまり上に凸型）を示すのが異常ということになる．ところで，周期性のあるプロットと凸性はある意味で整合しない．しかしながら図 4.3 に示すように，典型的な周期関数である三角関数も，1 周期分だけ取り出すと近似的には凸関数を当てはめることが可能に思える．さらに，ここで凸性検証を目的として導かれる方法は，スロープ変化モデルをベースに未知のアップターン（またはダウンターン）変化点を検出する方法になるので，今回のプロ

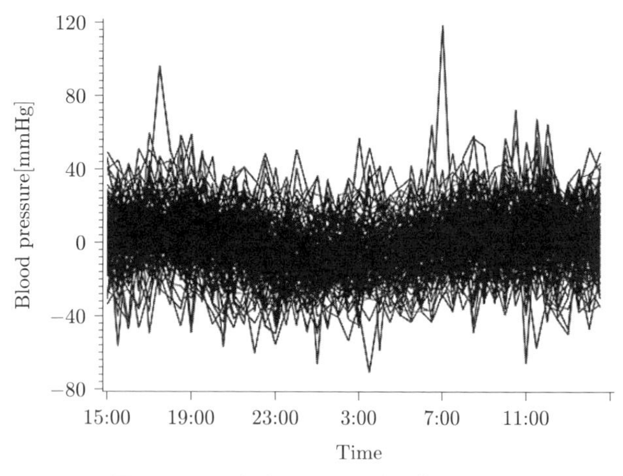

図 4.4 203 名分の血圧 24 時間値プロット

ファイル解析には極めて妥当である．他の方法として，被験者ごとに三角関数を当てはめ，そのパラメータ推定値で分類する方法も考えられるが，ここではノンパラメトリックな凸性パターン分類を試みる．

これで今回基礎に置く統計量の特性が明確になった．第二の差異は，コレステロールは 1 カ月ごとの測定なので，測定誤差間に相関はなく独立性が仮定できた．今回のデータ間隔は 30 分であり，独立性の検定では明らかに誤差に系列相関の存在が示唆された．そこで前処理として，4 点飛ばしで次の 4 点ごとの平均を取ることによりほぼ独立系列とすることができた．元々 48 点あったデータはこの操作で 6 点となるが，今興味のある凹凸パターンの情報は失われない．むしろ，相続く 4 点を平均することは，血圧特有の短期的な変動を平滑化する効果がある．さて，今回も 203 症例すべてのデータを表にするのはスペースを取り過ぎるので，とりあえず元データを各被験者の平均が 0 になるように調整してプロットしてみたのが図 4.4 である．しかし，残念ながらこれでは黒い一本の帯にしか見えない．ここからどんな凹凸パターンが取り出されるのか興味津々である．

4.2.2 凹凸を類別する行単位の多重比較法

さて，2.3.1 項 (2) で詳しく述べたように，凹凸を感度良く検出する統

計量は累積和をさらに足しこんだ 2 重累積和 (2.36)

$$S_j = jy_1 + (j-1)y_2 + \cdots + 1 \times y_j, \qquad j = 1, \ldots, b-1,$$

である．この式の基は $(\boldsymbol{L}_b'\boldsymbol{L}_b)^{-1}\boldsymbol{L}_b'$ なので，それを

$$\boldsymbol{P}_b^{\dagger\prime} = \mathrm{diag}(\xi_k^{1/2}\delta_k)(\boldsymbol{L}_b'\boldsymbol{L}_b)^{-1}\boldsymbol{L}_b'$$

と規準化した式 $\boldsymbol{P}_b^{\dagger\prime}$ が前節の $\boldsymbol{P}_b^{*\prime}$ の役割を果たす．ただし，

$$\begin{aligned}
&\xi_k - 1 = 2(k-1)(b-k-2)/(3(b-1)), \\
&\delta_k = -\big[6b(b^2-1)/k(k+1)(b-k)(b-k-1)\{(b-k)(b-k-1)(2k \\
&\qquad +1) - 2(k^2-1)\}\big]^{1/2}, \qquad k = 1, \ldots, b-2,
\end{aligned}$$

は規準化のための定数である．すなわち，式 (4.1) に対応して，

$$\max_{\boldsymbol{c}'\boldsymbol{j}=0, \|\boldsymbol{c}\|^2=\boldsymbol{c}'\boldsymbol{c}=1} \|(\boldsymbol{c}' \otimes \boldsymbol{P}_b^{\dagger\prime})\boldsymbol{y}\|^2 \tag{4.9}$$

を最大統計量とする．比べたい行や群に応じて選択した行対比 $\boldsymbol{c}$，たとえば式 (3.21) や (3.26)，による統計量はすべてこの最大統計量以下の値しか取らないので，最大統計量の分布で保守的に評価できる．最大統計量の分布論は前節と平行的に進められ，$a \geq b$ のとき帰無仮説の下で Wishart 行列 $\boldsymbol{W}(\sigma^2\boldsymbol{P}_b^{\dagger\prime}\boldsymbol{P}_b^{\dagger}, a-1)$ の最大根 $W_1^{\dagger}$ の分布に従う．この場合も $\boldsymbol{P}_b^{\dagger}\boldsymbol{P}_b^{\dagger}$ の固有値が一様ではなく最大根 τ_2 が全体の 3/4 を超えることから，$\tau_2\sigma^2\chi^2_{(2)}$ が大変良い χ^2 近似を与える．ただし，下記の式 (4.10) も含めて $\chi^2_{(i)}, i = 2, \ldots, b-1$, は 4.1.4 項と同じであり，

$$\tau_k = 2b(b+1)/\{(k-1)k(k+1)(k+2)\}, \qquad k = 2, \ldots, b-1,$$

は新たに $\boldsymbol{P}_b^{\dagger\prime}\boldsymbol{P}_b^{\dagger}$ の $b-2$ 個の非零固有値を表す．攪乱母数 σ^2 を消去するための統計量は $\boldsymbol{P}_b^{\dagger\prime}\boldsymbol{P}_b^{\dagger}$ の一般逆行列による 2 次形式で構成するのが適切であり，具体的に式 (4.4) に対応する

$$\chi^{\dagger-2} = \sum_{i=1}^{a} \|\mathrm{diag}\{(\xi_k\delta_k^2)^{-1/2}\}\boldsymbol{L}_b'(\boldsymbol{y}_i - \bar{\boldsymbol{y}}_\cdot)\|^2$$

で与えられる．この式は独立な $\chi^2_{(i)}$ を用いて次のように展開される．

$$\chi^{\dagger-2} = \{\tau_2^{-1}\chi^2_{(2)} + \tau_3^{-1}\chi^2_{(3)} + \cdots + \tau_{b-1}^{-1}\chi^2_{(b-1)}\}\sigma^2 \tag{4.10}$$

本項の帰無仮説は 2.3.1 項 (2) で述べたように線形回帰モデル $\mu_i = \beta_0 + \beta_1 i$ であり，検定統計量 (4.9) や攪乱母数 σ^2 に対する統計量 (4.10) はそれと直交するように作られているので，式 (4.10) では $\chi^2_{(1)}$ の成分が欠落していることに注意する．式 (4.5) との類似および違いにも注意して欲しい．もちろん，固有値 τ_k の中身も異なっている．

最終的に，検定統計量は $\chi^2 = \|(\boldsymbol{c}' \otimes \boldsymbol{P}_b^{\dagger\prime})\boldsymbol{y}\|^2/\chi^{\dagger-2}$ と表され，その p 値は $W_1^\dagger/\chi^{\dagger-2}$ の分布で評価される．χ^2 の実現値を s_0 として，式 (4.6) に対応する評価式は

$$\begin{aligned} p = \Pr\left(\frac{W_1^\dagger}{\chi^{\dagger-2}} \geq s_0\right) &= \Pr\left\{\frac{\tau_2\chi^2_{(2)}}{\tau_2^{-1}\chi^2_{(2)} + \tau_3^{-1}\chi^2_{(3)} + \cdots + \tau_{b-1}^{-1}\chi^2_{(b-1)}} \geq s_0\right\} \\ &= \Pr\left\{\frac{(\tau_2 - s_0\tau_2^{-1})\chi^2_{(2)}}{\tau_3^{-1}\chi^2_{(3)} + \cdots + \tau_{b-1}^{-1}\chi^2_{(b-1)}} \geq s_0\right\} \end{aligned}$$

となる．さらに，分母を $d\chi^2_f$ で近似すると，式 (4.7) に対応する評価式

$$p = \Pr\left\{F_{a-1,f} \geq \frac{s_0(\tau_3^{-1} + \cdots + \tau_{b-1}^{-1})}{\tau_2 - s_0\tau_2^{-1}}\right\}$$

が得られる．ただし，近似のための定数は

$$\begin{aligned} df &= (a-1)(\tau_3^{-1} + \cdots + \tau_{b-1}^{-1}), \\ d^2 f &= (a-1)(\tau_3^{-2} + \cdots + \tau_{b-1}^{-2}) \end{aligned}$$

により求められる．

【例題 4.4】　慶應義塾大学医学部老年医学の 203 症例の解析

図 4.4 に示した 203 例の凹凸パターン分類を試みる．この例は症例数が多く，極端な凹から凸までのパターンが混在するため，2 群への分類から高度に有意になる．ということはそれより細かな分類はすべて統計的に有

表 4.5 203 人の 5 分類平均血圧推移

群	時刻							
	15.00	19.00	23.00	3.00	7.00	11.00	人数	特徴
1	173	152	119	122	136	160	6	Ultra extreme dipper
2	158	145	129	128	145	155	39	Extreme dipper
3	141	134	125	129	136	141	74	Dipper
4	137	137	133	133	141	134	60	Non-dipper
5	134	139	144	148	145	126	24	Inverted dipper

意になるので，適切な停止則が必要である．ここでは次のような停止則を用いている．

1. 分類する群数 K を定める．
2. k 番目の段階で群 $G_1, \ldots, G_{n-k+1}$ が得られたとして，2 群間の二乗距離 $\chi^{\dagger 2}(i;i')$ を式 (4.9) に従って計算する．それが最小となる 2 群 i, i' をプールして次の $k+1$ 段階のための $n-k$ 群とする．ただし，n は最初の個体数であり，第 1 段階では 1 個体から成る n 個の群がある．
3. 手順 2 を，あらかじめ定めた群数 K に達するまで繰り返す．
4. 得られた K 群への群分けの有意性および多群間の一般化二乗距離を，前節の式 (4.8) において $\boldsymbol{P}_b^*$ を $\boldsymbol{P}_b^\dagger$ に置き換えた式で評価する．

この例に適用すると 3 群までの分類は凹凸を適切に分離するが，平坦なパターンが分離されない．4 群では平坦 (Non-dipper) が分離され，基本的に表 4.5 に示した 5 分類と同様合理的に見える．5 分類は 4 分類における下に凸群 (Extreme dipper) から高度に凸 (Ultra extreme dipper) の 6 例を新たに分離しており，極めて合理的に見える．一方，多群間の一般化二乗距離は 4，5，6 群でそれぞれ 1.37E+5，1.43E+5，1.43E+5 となり，5 から 6 群に増やすことによる増分は見られない．以上からこの例では 5 分類が妥当と考えられた．さらに個人の血圧推移を群ごとにプロットすると図 4.5 のようになる．この結果，1 本の黒い帯にしか見えなかった 203 名の 24 時間値プロットが，きれいに五つのパターンに分類された．これらのうち，2，3，4，5 群は Ohkubo et al.(1997) が定義した Ex-

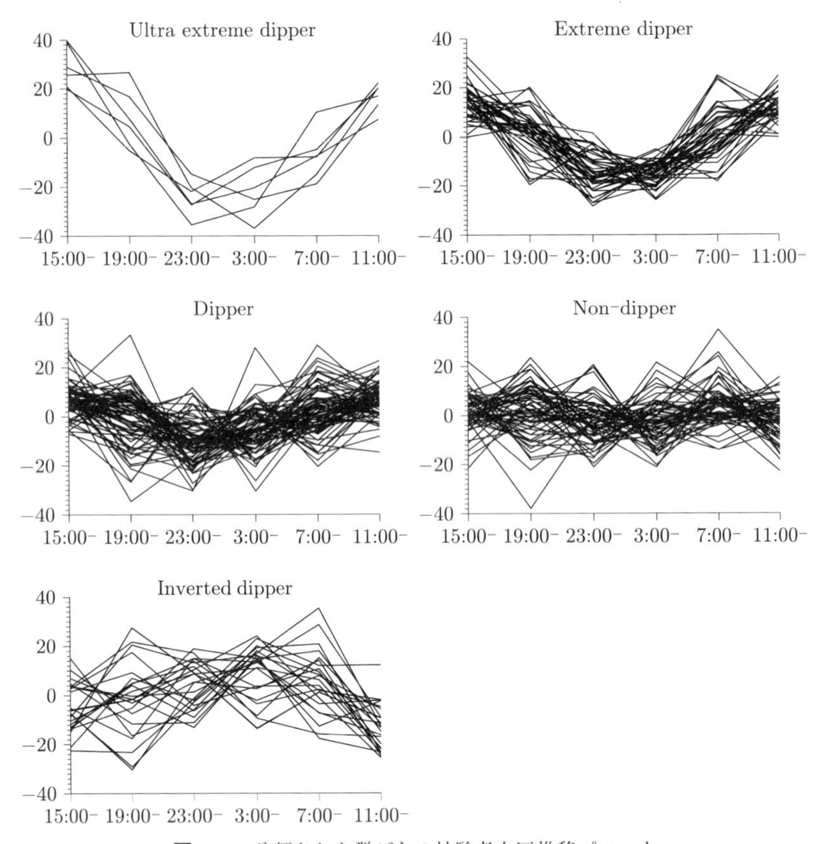

図 4.5 分類された群ごとの被験者血圧推移プロット

treme dipper, Dipper, Non-dipper, Inverted dipper によく対応する. Extreme dipper と Dipper が凹型で正常であり, Non-dipper と Inverted dipper は要注意である. 一方, 今まで注目されていなかった夜間極度に低下する Ultra extreme dipper が見付かり, その臨床的意義に興味が持たれている.

なお, このデータの解析の詳細は Hirotsu et al.(2003) を参照して欲しい. そこでは停止則の手順3で, 分類結果に微修正を加える方式も記述されている.

第 5 章

分割表解析

推定・検定の概念を単に数学として教え，学ぶことの空しさについては広津 (2018) でもいろいろ述べている．とくに学生は手元にデータを持たず，データ解析を焦眉の急として迫られているわけでもないので，ことさらその感が強い．そんな中で分割表は身近に面白い例がたくさんあり，統計解析を学び，また実際に自分で試してみる格好の題材である．本書でもすでに，順序分類データ（表 2.7）に基づく 2 標本比較，2 項分布（表 2.9）や多項分布（表 2.11）に基づく多標本比較として分割表解析は登場している．

分割表のタイプ，適合度 χ^2 およびその自由度などについては広津 (2018) で丁寧に解説している．一方，第 4 章までに繰り返し述べたように総括的検定は実際上あまり役に立たない．そこで本章では適合度 χ^2 の説明は簡単に済ませ，あまり類書に書かれていない有用な手法を中心に述べたいと思う．と言っても，その有用な方法を記述する道具を導入するために，冒頭の 5.1 節は適合度 χ^2 の導入に当てる．なお，多項分布の例でも分かるように，本来，要因分析の設定では 1 元配置の枠組みでも，順序応答データでは順序分類をもう一つの要因と見なして数理的には交互作用解析になる．したがって，第 3 章，第 4 章で展開した交互作用解析のための諸手法は，分割表型に修正した上で本章でも有用である．すなわち，ここでも総括的な χ^2 適合度検定に替えて，行あるいは列ごとの多重比較法がデータの構造を明らかにしてくれる．

5.1　2 次元分割表における χ^2 適合度検定

2 次元分割表としては後で詳しく解析する表 5.1 を思い浮かべておけばよい．このデータは当時筆者の研究室に，東大病院でアルバイトをしていた他の研究室の後輩が持ち込んだものであり，国立がんセンターを訪れた 11,908 名の患者が初診時癌重症度と所属する職業によって 2 重分類されている．括弧内，および下段の数値はそれぞれ後で述べる 2 種のモデルの当てはめ結果である．このデータをこれまで同様，

$$y_{ij}, \qquad i = 1, \ldots, a, \quad j = 1, \ldots, b,$$

と表し，対応するセル確率を p_{ij} で表す．表 5.1 は表 2.7，表 2.9，表 2.11 と同じように，職業ごとに来院者の重症度分布を表したものと見てもよいし，総計 11,908 名の患者を職業と癌重症度で 2 重分類したものと見なしてもよい．前者では行ごとに多項分布

$$M(y_{i\cdot}, \boldsymbol{p}_i), \qquad \boldsymbol{p}_i = (p_{i1}, \ldots, p_{ib})', \quad i = 1, \ldots, a,$$

を想定することになり，$p_{i\cdot} = 1$ である．一方，後者では全体が総数 $y_{\cdot\cdot}$，セル確率 $\boldsymbol{p} = [p_{ij}]_{a \times b}$ の多項分布 $M(y_{\cdot\cdot}, \boldsymbol{p})$ に従い，$p_{\cdot\cdot} = 1$ である．興味ある帰無仮説は，前者では一様性

$$H_0 : \boldsymbol{p}_1 = \boldsymbol{p}_2 = \cdots = \boldsymbol{p}_a,$$

後者では分類の独立性

$$H_0 : p_{ij} = p_{i\cdot} \times p_{\cdot j} \tag{5.1}$$

と表されるが，これらは数理的に同値である．今，対数線形模型

$$\log p_{ij} = \mu + \alpha_i + \beta_j + \gamma_{ij}$$

を仮定すると，どちらの確率分布も

表 5.1　職業別に分類した国立がんセンター初登院時の癌病状

職業	重症度			計
	1. Slight	2. Medium	3. Serious	
1. 専門的・技術的職業 （技術者，教員，医師など）	148 (123.3) 148.5	444 (473.9) 452.4	86 (80.8) 77.1	678
2. 管理職	111 (93.1) 112.1	352 (357.9) 341.6	49 (61.0) 58.2	512
3. 事務専従者 （会計事務，タイピストなど）	645 (524.6) 631.4	1911 (2015.7) 1924.4	328 (343.7) 328.1	2884
4. 販売従事者	165 (191.9) 160.7	771 (737.4) 764.0	119 (125.7) 130.3	1055
5. 農林，漁業，採鉱従事者	383 (458.9) 384.3	1829 (1763.4) 1827.2	311 (300.6) 311.5	2523
6. 運輸，通信従事者	96 (79.3) 95.5	293 (304.7) 290.9	47 (52.0) 49.6	436
7. 技能士 （製鉄工，自動車修理工など）	98 (88.4) 106.4	330 (339.7) 324.3	58 (57.9) 55.3	486
8. 生産工程従事者，単純労働者	199 (223.4) 187.1	874 (858.3) 889.3	155 (146.3) 151.6	1228
9. サービス業	59 (52.4) 63.1	199 (201.3) 192.2	30 (34.3) 32.8	288
10. 無職	262 (330.7) 276.9	1320 (1270.7) 1316.6	236 (216.6) 224.5	1818
計	2166	8323	1419	11908

$$
f(\boldsymbol{y}) = C^{-1}\prod_{i=1}^{a}\prod_{j=1}^{b}(y_{ij}!)^{-1}\exp\left(\mu y_{\cdot\cdot} + \sum_{i=1}^{a}\alpha_i y_{i\cdot} + \sum_{j=1}^{b}\beta_j y_{\cdot j} + \sum_{i=1}^{a}\sum_{j=1}^{b}\gamma_{ij}y_{ij}\right) \tag{5.2}
$$

と表され，帰無仮説は $H_0 : \gamma_{ij} = 0$ と同値である．ただし，C^{-1} は全確率を 1 にするための規準化定数である．厳密には元の p_{ij} と新しいパラメータ $(\mu, \alpha_i, \beta_j, \gamma_{ij})$ との 1 対 1 対応を付ける必要があるが，交互作用 γ_{ij}

の推論を行うのにその必要はない．それは交互作用 γ_{ij} に関する検定問題では他のパラメータは攪乱母数であり，周辺和 $y_{i\cdot}, y_{\cdot j}$ を与えた条件付推測を行うからである．例によって，条件付けにより攪乱母数 (μ, α_i, β_j) は消失する．すなわち，第3章で詳しく述べたのと同様に，帰無仮説 $H_0 : \gamma_{ij} = 0$ の条件付推論はパラメータの1対1対応とは無関係に進めることができる．その条件分布は多項一般超幾何分布に他ならない．その結果，式 (5.2) においてたとえば $y_{i\cdot}$ は一方のモデルでは定数，他方では確率変数であるが，推論方式は同一に帰着する．具体的に，漸近的に同等である尤度比検定と適合度 χ^2 検定が導かれるが，ここでは累積和法と相性の良い後者について考える．

適合度 χ^2 を記述するために便宜上，行和，列和，総数を

$$R_i = y_{i\cdot}, \quad C_j = y_{\cdot j}, \quad N = y_{\cdot\cdot} \tag{5.3}$$

で表す．これまでデータの総和は n で表してきたが，本章では R_i，C_j などと合わせて大文字 N で表す．もちろん，R と C は Row および Column のイニシャルである．このとき，適合度 χ^2 は

$$\chi^2 = \sum_{i=1}^{a} \sum_{j=1}^{b} \frac{(y_{ij} - R_i C_j / N)^2}{R_i C_j / N}, \qquad \text{自由度 } (a-1)(b-1), \tag{5.4}$$

で表される．帰無仮説 H_0 (5.1) の下で y_{ij} はすべての周辺和 (5.3) を与えた多項超幾何分布に従い，$R_i C_j / N$ はその期待値である．したがって，式 (5.4) の各項は標準偏差による規準化統計量の二乗にはなっていない．これを自由度に応じて，漸近的に互いに独立な $(a-1)(b-1)$ 個の規準化二乗和に書き直す方法については次節で述べる．とくに 2×2 分割表の場合に4個の和から成る適合度 χ^2 を単一の二乗で表す様々な形式については，広津 (2018) に詳しく述べているので参考にして欲しい．

さて，適合度 χ^2 を表5.1に対して計算すると $\chi^2 = 95.75$（自由度18）が得られ，超高度に有意となる．しかしそれだけでは職業群によって重症度に差があるというだけで何の面白味もなく，せっかく頼ってくれた後輩への答えとしては物足りない．列の順序を考慮して2.1.2項の Kruskal and Wallis 検定を用いたとしても同じことである．試しに独立モデル (5.1) に対するセル頻度の推定値 R_iC_j/N を当てはめてみると表 5.1 の括弧内のようになり，データと大きく食い違っていることが見て取れる．それが大きな適合度 χ^2 値を与えた理由であるが，よく見ると大きく上に外れるセルと逆向きに外れるセルが目につく．それを説明するにはやはり多重比較法の出番であろう．

5.2　行単位の多重比較

このデータに関して言えば，当時癌が大変怖い病気とされ，企業などでその疑いありとされると，国立がんセンターで精密検査を受けるのが通例であった．そこで，職業による差は所属する企業における癌早期発見システムの差によるものと推測された．そうであれば，初診時癌重症度の低い企業と高い企業には特徴があるに相違ない．たとえば 3 行目の事務専従者では，重症度 slight の実現値が独立モデルの当てはめから大きく上に外れており，serious の実現値は下へ外れている．最終行の無職ではそれと逆の現象が起こっている．そこで，重症度プロファイルによって職業を分類することに興味が持たれる．それは，重症度に応じた単調増大，減少パターンの類別を目的とした行（職業）の多重比較に他ならない．そしてそれはまさに正規分布に従うデータの交互作用解析（4.1 節）で行ったことであるが，正規分布に対する方法を，多項超幾何分布に従う離散データ用に修正する必要がある．その準備として，交互作用平方和 S_γ を互いに独立な $(a-1)(b-1)$ 個の $\sigma^2\chi^2$ で表した式 (3.29) 第 2 項に対応する適合度 χ^2 の表現式

$$\chi^2 = ||(\boldsymbol{R}' \otimes \boldsymbol{C}')\boldsymbol{z}||^2 \tag{5.5}$$

が必要である．ここで，$\boldsymbol{z}$ は $z_{ij} = y_{ij}/(R_iC_j/N)^{1/2}$ を辞書式に並べた ab 次元の列ベクトルである．$\boldsymbol{R}'_{(a-1)\times a}$ と $\boldsymbol{C}'_{(b-1)\times b}$ は，行和と列和で定まる 2 個のベクトル

$$\boldsymbol{r} = N^{-1/2}(R_1^{1/2}, \ldots, R_a^{1/2})', \qquad \boldsymbol{c} = N^{-1/2}(C_1^{1/2}, \ldots, C_b^{1/2})' \tag{5.6}$$

を用いて，$\begin{pmatrix} \boldsymbol{r}' \\ \boldsymbol{R}' \end{pmatrix}$ および $\begin{pmatrix} \boldsymbol{c}' \\ \boldsymbol{C}' \end{pmatrix}$ がそれぞれ a および b 次元直交行列となるように定められる．すなわち $\boldsymbol{R}'$ の各行は互いに直交し，また $\boldsymbol{r}$ と直交した上，二乗和 1 に規準化されており，$\boldsymbol{C}'$ も同様である．明らかに $\boldsymbol{R}'$ と $\boldsymbol{C}'$ は第 3 章における $\boldsymbol{P}_a'$ および $\boldsymbol{P}_b'$ の役割を果たす．この変換により，$(\boldsymbol{R}' \otimes \boldsymbol{C}')\boldsymbol{z}$ の帰無仮説 H_0 (5.1) の下での期待値と分散は

$$E\{(\boldsymbol{R}' \otimes \boldsymbol{C}')\boldsymbol{z}\} = \boldsymbol{0}_{(a-1)(b-1)},$$
$$V\{(\boldsymbol{R}' \otimes \boldsymbol{C}')\boldsymbol{z}\} = \frac{N}{N-1}\boldsymbol{I}_{(a-1)(b-1)}, \tag{5.7}$$

となり，都合の良いことに分散行列は係数 $N/(N-1)$ を 1 で近似すると単位行列となる．つまり，$(\boldsymbol{R}' \otimes \boldsymbol{C}')\boldsymbol{z}$ の $(a-1)(b-1)$ 個の要素は H_0 の下で漸近的に互いに独立な標準正規分布に従う．すなわち式 (5.5) は式 (5.4) の適合度 χ^2 を $(a-1)(b-1)$ 個の互いに独立な χ^2 の和に書き直している．これは χ^2 の分解と言われ，大変便利な表現であるが類書にはあまり書かれていない．なお，多項超幾何分布の期待値と分散は広津 (1982) の第 1 章に与えられている．とくに分散は複雑な共分散構造のために難解であるが，式 (5.7) はそれを巧妙に正規直交化して簡単な表現を与えている．多項超幾何分布の取り扱いに大変便利な道具として活用して欲しい．

さて，式 (3.21) に対応する行比較の対比ベクトルは

$$\boldsymbol{r}_{ii'}' = (R_i^{-1} + R_{i'}^{-1})^{-1/2}(0, \ldots, 0, R_i^{-1/2}, 0, \ldots, 0, -R_{i'}^{-1/2}, 0, \ldots, 0) \tag{5.8}$$

で構成される．なお，第 3 章では行対比を $\boldsymbol{c}$，列対比を $\boldsymbol{d}$ で表しているが，本章ではそれぞれ $\boldsymbol{r}_{ii'}$ および $\boldsymbol{c}_{jj'}$ などで表している．式 (5.8) が $\boldsymbol{r}$ (5.6) への直交性と二乗和 1 の条件を満たしていることは容易に確かめられるだろう．$\boldsymbol{r}$ や $\boldsymbol{c}$ と若干紛らわしいが，対比の場合は必ず内容を表す添え字が付されるので問題はないだろう．

2群比較の行対比も第3章に準じて同じように考えることができる．簡単のため，最初の p_1 行が作る群 G_1 と引き続く p_2 行から成る群 G_2 との差を表す行対比を示すと次のようになる．

$$\boldsymbol{r}'_{G_1,G_2} = (T_1^{-1}+T_2^{-1})^{-1/2}\left(\frac{R_1^{1/2}}{T_1},\ldots,\frac{R_{p_1}^{1/2}}{T_1},\frac{-R_{p_1+1}^{1/2}}{T_2},\ldots,\frac{-R_{p_1+p_2}^{1/2}}{T_2},0,\ldots,0\right), \tag{5.9}$$

$$T_1=\sum_{i=1}^{p_1}R_i,\quad T_2=\sum_{i=p_1+1}^{p_1+p_2}R_i$$

式 (5.9) が $\boldsymbol{r}$ への直交性と二乗和1を満たしていることを確かめるのも容易であろう．これらの対比が行和 R_i が揃っているときに，第3章の式 (3.21) や群間対比 (3.26) に帰着することは容易に理解されるだろう．

以上で群間の χ^2 統計量 $\chi^2(G_1;G_2)=\|(\boldsymbol{r}'_{G_1,G_2}\otimes\boldsymbol{C}')\boldsymbol{z}\|^2$ の定式化は完了した．これら行対比の有意性を評価するための最大統計量は

$$\max_{\boldsymbol{\rho}'\boldsymbol{r}=0,\|\boldsymbol{\rho}\|^2=\boldsymbol{\rho}'\boldsymbol{\rho}=1}\|(\boldsymbol{\rho}'\otimes\boldsymbol{C}')\boldsymbol{z}\|^2$$

で定義され，この式はまさに第3章の式 (3.28) に対応している．その分布はすでに3.3.2項で述べたと同様に，漸近的にWishart行列 $\boldsymbol{W}\{\boldsymbol{I}_{\min(a-1,b-1)},\max(a-1,b-1)\}$ の最大根 W_1 の分布に従う．

5.3 行単位の多重比較—列に自然な順序がある場合—

ところで，本節の例では列が自然な順序に従う重症度であり，それに応じた増大，減少のパターンを類別したい．この場合も確率分布 (5.2) の形式は正規分布と同じ指数分布族に属しているので，基本的に4.1節と同じように列に関する累積和で統計量を構築すればよく，違いは規準化のプロセスだけである．第 j 列までの累積和を規準化するための列対比ベクトルは

$$\boldsymbol{c}^{*\prime}(1,\ldots,j;j+1,\ldots,b)$$
$$=\left(\frac{1}{V_j}+\frac{1}{V_j^*}\right)^{-1/2}\left(\frac{\sqrt{C}_1}{V_j},\ldots,\frac{\sqrt{C}_j}{V_j}-\frac{\sqrt{C}_{j+1}}{V_j^*},\ldots,-\frac{\sqrt{C}_b}{V_j^*}\right), \quad (5.10)$$

$$V_j=\sum_{k=1}^{j}C_k,\quad V_j^*=\sum_{k=j+1}^{b}C_k,\qquad j=1,\ldots,b-1 \quad (5.11)$$

と表される．式 (5.10) は第 j 列と $j+1$ 列の間の段差変化を表す規準化対比で，これを並べた $(b-1)\times b$ 行列 $\boldsymbol{C}^{*\prime}$ が第4章の $\boldsymbol{P}_b^{*\prime}$ に相当する．列和 C_j が揃っているときはまさに $\boldsymbol{P}_b^{*\prime}$ そのものである．式 (5.5) において $\boldsymbol{C}'$ を $\boldsymbol{C}^{*\prime}$ で置き換えた

$$\chi^{*2}=\|(\boldsymbol{R}'\otimes\boldsymbol{C}^{*\prime})\boldsymbol{z}\|^2=\chi_1^{*2}+\cdots+\chi_{b-1}^{*2} \quad (5.12)$$

は累積 χ^2 と呼ばれ，傾向性仮説に対する総括的検定として高い検出力を示す．ここで χ_j^{*2} は $\boldsymbol{C}^{*\prime}$ の第 j 行に対応し，第 $1,\ldots,j$ 列と $j+1,\ldots,b$ をそれぞれ併合してできる $a\times 2$ 分割表に対して計算される適合度 χ^2 に他ならない．累積 χ^2 は2次モーメントまで合わせた $d\chi_f^2$ により大変良好な近似が得られ，定数 d と f は次式で定められる．

$$d=1+\frac{2}{b-1}\left(\frac{\gamma_1}{\gamma_2}+\cdots+\frac{\gamma_1+\cdots+\gamma_{b-2}}{\gamma_{b-1}}\right),$$
$$f=(a-1)(b-1)/d,\quad \gamma_j=V_j/V_j^* \quad (5.13)$$

なお，1.3.3 項 (3) の χ^{*2} も累積 χ^2 の簡単な例である．列の順序を考慮した行比較の統計量は χ^{*2} の成分として得られるが，その前に累積 χ^2 の表 5.1 への適用を示す．

【例題 5.1】 累積 χ^2 の表 5.1 への適用

累積 χ^2 の成分は要するに，列を $b-1$ 通りの切断点で分け，その前後でそれぞれ列を併合してできる分割表に対する適合度 χ^2 を計算すればよい．この例では $b=3$ だから，まず2と3を併合した分割表から χ_1^{*2}，次に1と2を併合して χ_2^{*2} が得られる．その結果は

$$\chi^{*2} = \chi_1^{*2} + \chi_2^{*2} = 91.251 + 8.390 = 99.641$$

となる．χ^2 近似の定数は次式のように得られる，

$$d = 1 + \frac{2}{b-1}\left(\frac{\gamma_1}{\gamma_2}\right) = 1 + \frac{2}{3-1}\left(\frac{2166}{8323+1419}\bigg/\frac{2166+8323}{1419}\right)$$
$$= 1.030,$$
$$f = \frac{(10-1)\times(3-1)}{d} = 17.374.$$

有意点は $d\chi_f^2 = 29.08$ $(\alpha = 0.05)$, 35.14 $(\alpha = 0.01)$ となるから，結果は超高度に有意である．この例では列和が不均等で C_2 に集中しているため，通常の適合度 χ^2 と自由度があまり変わらず指向性検定の特長が出ていないが，列和がバランスしている場合では顕著に検出力が上がることが経験される．

さて，多重比較のための統計量は一般に総括的検定の統計量の成分が用いられることから，累積 χ^2 統計量から始めた．ここで，本題である行の多重比較に話を戻そう．その基礎となる最大統計量は χ^{*2} (5.12) の成分として次のように定義される．

$$\max_{\boldsymbol{\rho}'\boldsymbol{r}=0,\|\boldsymbol{\rho}\|^2=\boldsymbol{\rho}'\boldsymbol{\rho}=1} \|(\boldsymbol{\rho}' \otimes \boldsymbol{C}^{*\prime})\boldsymbol{z}\|^2 \tag{5.14}$$

この式は第 4 章の式 (4.1) に対応する．行間や群間の χ^2 距離は行対比 $\boldsymbol{\rho}'$ を $\boldsymbol{r}'_{ii'}$ (5.8) や $\boldsymbol{r}'_{G_1,G_2}$ (5.9) のように特定した場合であり，すべて式 (5.14) で上から押さえられる．最大統計量の分布は，$a \geq b$ のとき Wishart 行列 $\boldsymbol{W}\{\boldsymbol{C}^{*\prime}\boldsymbol{C}^*, a-1\}$ の最大根 W_1^* の分布に従う．4.1.4 項で述べたように，その分布は τ_1 を $\boldsymbol{C}^{*\prime}\boldsymbol{C}^*$ の最大固有値として $\tau_1\chi_{a-1}^2$ で近似される．さらにその改良版として，定数 d, f を

$$df = q\tau_1 + \left(1 - \frac{2}{q}\right)\frac{\tau_1\tau_2}{\tau_1 - \tau_2}, \tag{5.15}$$

$$d^2 f = q\tau_1^2 + \frac{-2q^3 + 32q + 144}{2q^3}\left(\frac{\tau_1\tau_2}{\tau_1 - \tau_2}\right)^2 \tag{5.16}$$

から定めた $d\chi_f^2$ で良く近似されることが分かっている．ただし，$q=a-1$，τ_2 は $\boldsymbol{C}^{*\prime}\boldsymbol{C}^*$ の第2固有値である．式(4.3)で用いたχ^2 近似は式(5.15)，(5.16)で右辺第1項のみを取ったものである．第4章の設定では第1固有値が十分大きく，第2固有値を使う改良版は必要なかった．一方，本章では行和，列和が一様でない場合が一般的で，第1固有値と第2固有値が接近している可能性も否定できず，式(5.15)，(5.16)による改良が勧められる．式(5.15)，(5.16)の右辺第2項で $\tau_1-\tau_2$ が分母にあることから，$\tau_1-\tau_2$ が接近しているときはこの項が無視できないのである．なお，分割表の場合は成分統計量が多項超幾何分布の分散で規準化されているため，第4章のように攪乱母数 σ^2 を消去する手順も必要なく，より手軽に応用できる．この Wishart 根の χ^2 近似と全体の累積 χ^2 (5.12) の χ^2 近似 (5.13) との区別に注意して欲しい．

【例題 5.2】　表 5.1 に対する行の多重比較

式(5.8)の $\boldsymbol{r}'_{ii'}$ を式(5.14)の $\boldsymbol{\rho}'$ に代入した式を書き下すと次のようになる．

$$\chi^2(i;i')$$
$$=N\left(\frac{1}{R_i}+\frac{1}{R_{i'}}\right)^{-1}\sum_{j=1}^{b-1}\left\{\left(\frac{1}{V_j}+\frac{1}{V_j^*}\right)\left(\frac{y_{i1}+\cdots+y_{ij}}{R_i}-\frac{y_{i'1}+\cdots+y_{i'j}}{R_{i'}}\right)^2\right\}$$

ただし，V_j は式(5.11)に与えられている．この行間の χ^2 は行和が揃っているとき以外，残念ながら第3章のように元の分割表から2行を取り出した $2\times b$ 分割表の適合度 χ^2 には一致しない．そこでこの式で計算した χ^2 距離を表5.2に与えるが，見やすいように距離の近い行同士が近くになるよう並べ替えて配列してある．この結果は一見して $G_1(1,2,3,6,7,9)$ と $G_2(4,5,8,10)$ の2群を示唆する．群間の行対比 $\boldsymbol{r}'_{G_1,G_2}$ によって計算した χ^2 距離は $\chi^{*2}(G_1;G_2)=90.96$ と得られる．χ^2 近似のための定数は式(5.15)，(5.16)から $d=0.541, f=23.541$ と得られる．ここで，$\boldsymbol{C}^{*\prime}\boldsymbol{C}^*$ の固有値 $\tau_1=1.1734$, $\tau_2=0.8266$，および $q=10-1=9$ を用いている．これにより，χ^2 距離を評価するための上側0.05棄却点は19.39と得られる．

表 5.2 表 5.1 に対する行間の χ^2 距離

行	10	5	4	8	7	9	2	1	6	3
10	0	0.85	2.52	1.67	8.93	7.72	18.6	18.3	15.3	50.1**
5		0	0.88	0.65	6.86	5.79	15.2	15.9	12.5	47.8**
4			0	1.10	4.71	3.73	9.41	11.4	8.51	23.5*
8				0	3.83	3.95	10.5	9.29	8.35	23.5*
7					0	0.41	1.71	0.68	0.82	1.48
9						0	0.30	1.24	0.30	0.85
2							0	2.7	0.35	1.48
1								0	0.92	1.01
6									0	0.16
3										0

この例では第 1 および第 2 固有値の差が小さく χ^2 近似の条件としてはあまり好ましくないが，χ^2 距離 90.96 を有意と判定するには十分であろう．なお，Zonal 多項式を用いたより正確な近似による棄却点は 21.85 であり，結論はもちろん同じである．χ^2 距離評価のために近似を用いる際の詳しい条件については，Hirotsu (2009) を参照して欲しい．

さて，χ^2 距離 90.96 は総括的検定統計量 $\chi^{*2} = 99.64$ の 91% を超える．さらに，表 5.2 で各群内の二乗距離は極めて小さく，少し大きな値はすべて異なる群に属する 2 行間の距離である．そこで，このデータについて行は 2 群に分類されるという結論は受け容れられるだろう．

5.4 列単位の多重比較—列に自然な順序がある場合—

第 3 章では 2 元表の行と列に特別な順序がなく，行と列を対称に取り扱える場合の多重比較を扱った．また，第 4 章では列の水準に自然な順序のある 2 元表を対象としたが，もっぱら行の多重比較に興味があった．本節では新しい設定として，自然な順序がある列についての多重比較を試みる．その場合，列についてすべての並べ替えを考える意味はなく，検証すべきは $b-1$ 通りの切断点の有意性である．それには累積 χ^2 (5.12) の成分，$\chi_1^{*2}, \ldots, \chi_{b-1}^{*2}$ の最大値を正当に評価すればよい．つまり本節で考

える最大統計量は

$$\max_{j=1,\ldots,b-1} \|\{\boldsymbol{R}' \otimes \boldsymbol{c}^{*\prime}(1,\ldots,j;j+1,\ldots,b)\}\boldsymbol{z}\|^2$$

である．$a = 2$ の場合は，すでに第2章で扱った max acc. t に他ならない．すなわち，第2章で順序水準に対応する方法として二乗和と最大成分が提案されているが，その直接的拡張に当たる．a が3以上の場合の評価式は Hirotsu (2017) で得られている．

【例題 5.3】 表 5.1 に対する列の多重比較

表5.1に対して例題5.1で，総括的検定の際に2個の成分 $\chi_1^{*2} = 91.251$ と $\chi_2^{*2} = 8.390$ が得られている．これらのうちの最大統計量 91.251 は Hirotsu (2017) の評価式により高度に有意である．つまり，重症度 slight と medium 以上の間には明確な差異がある．一方，同じ群に分類された medium と severe から成る 10×2 分割表の適合度 χ^2 は 5.23 で，自由度 9 の χ^2 分布で評価して有意ではない．そもそも最大成分 $\chi_1^{*2} = 91.251$ は総括検定統計量 $\chi^{*2} = 99.64$ の 91.6% に達し，全体の変動を説明するのに十分である．すなわち，列については $H_1(1), H_2(2,3)$ の2群が示唆される．

5.5 表 5.1 のデータ解析総括

行および列の多重比較から導かれたのは行の2群，列の2群への分類で，表5.3に集約される．表中の独立性からの乖離とは，セル頻度を独立モデルの下での推定値 R_iC_j/N で除した値で，各セルが独立性からどの向きに乖離するかを示す簡単で便利な指標である (Cox and Snell, 1981)．それによると，G_1 と H_1 の組合せが特異に頻度が高いことが分かる．H_1 (slight) の相対頻度は G_1 では $1157/(1157 + 4127) = 0.219$，$G_2$ では $1009/(1009 + 5615) = 0.152$ であり，かなりの差がある．元の表に戻って個々の職業について Slight の相対頻度を求めると G_1 に属する職業ではどれも 0.22 に近く，G_2 に属する職業ではどれも 0.15 に近い．当初の

表 5.3　行，列をそれぞれ 2 群に集約した表，および独立性からの乖離を表す指標

	集約した表		独立性からの乖離	
群	$H_1(1)$	$H_2(2,3)$	$H_1(1)$	$H_2(2,3)$
$G_1(1,2,3,6,7,9)$	1157	4127	1.20	0.95
$G_2(4,5,8,10)$	1009	5615	0.84	1.04

予想通り，初診時重症度の高い群，低い群には特徴が見られ，とくに高い（Slight の割合が低い）群に家庭の主婦が含まれることは注目に値する．

以上から，これら 2×2 群の組合せを区別する自由度 1 のブロック交互作用モデル

$$p_{ij} = p_{i.}p_{.j}\eta_{lm}, \quad l = \begin{cases} 1, & i \in G_1 \\ 2, & i \in G_2 \end{cases}, \quad m = \begin{cases} 1, & j \in H_1 \\ 2, & j \in H_2 \end{cases}, \qquad (5.17)$$

が示唆される．式 (5.17) の両辺の対数を取ると，まさに正規分布モデルの式 (3.31) と同値であることが分かる．このモデルのデータへの当てはめは簡単である．初期値としてすべてのセルが 1 である 10×3 分割表を準備する．そこから (1) 行和，(2) 列和，(3) 表 5.3 において集約された 4 個のセル和を保存するように比例配分でセル度数を置き換えていき，それを周期的に収束するまで繰り返す．この手法は ISP（Iterative Scaling Procedure，比例反復法）と呼ばれ，その収束は極めて速い．たとえば行和，列和だけを保存する場合は 1 回で独立モデルの推定量 R_iC_j/N に収束する．これは簡単で面白い演習問題なのでぜひ試みて欲しい．なお，ISP の詳しい説明は広津 (1982) を参照されたい．

このモデルを当てはめた結果は表 5.1 の各セル下段に与えられている．自由度 1 の交互作用パラメータ η_{lm} を加えただけで，独立モデルから目に見えた改善がなされている．ちなみに，モデル (5.17) に対する適合度 χ^2 は 8.04（自由度 17）で，独立モデルの 95.75（自由度 18）から劇的に減少している．この結果は従来のように単に総括的適合度 χ^2 が高度に有意として推論を終えるのに対し，はるかに納得のいく結論と思われる．

このデータはその後，この結果に興味を持った複数の研究者によって再

解析され，繰り返し同様の結論が得られた．現在では，これらの経験を受けて，どの企業も癌早期発見のプログラムを用意し，また，市区町村主体の健診も整備され，受けたい人は誰でも気軽に受診できるようになった．もし読者の中に新しいデータを取れる立場の人がいたら，ぜひこのような調査をもう一度実施して欲しい．おそらく，このデータに見られたような職業による差はもう見られないことを期待したい．

本章で扱ったデータはサイズも手頃で，結果の解釈も明快であった．しかし，ときには4.2節で扱ったようにサイズの大きなデータもあり，このように自由度1の交互作用モデルでは説明のつかないこともしばしばある．とくに大きなデータでは行間二乗距離の表が膨大になり，目の子による分類が不可能になる．そこでクラスタリングアルゴリズムを機械化する必要性が生じ，実際に4.2節でも使用している．分割表の場合も，例題4.4の停止則手順2と同様に，ある段階において行間二乗距離最小の2群をプールして次段階の二乗距離を作成するという手順が推奨される．その結果を群間一般化二乗距離とともにデンドログラムとして与えるプログラムが筆者のホームページのAANOVA programs libraryから入手できる．それは分類数に応じて適切なクラスターを求めるのに利用できるのでぜひ自分のデータで試して欲しい．そこには多群間一般化二乗距離を分割表型に拡張した式も，故山本昭一氏との共著論文として掲載されている．

あとがき

本書執筆の時期はCOVID-19の脅威にさらされている時期と重なり，今初校の段階ではちょうど第5波が沈静化したところである．本書は日常活動の中のあらゆる実問題，実データを対象としているので，当然COVID-19の動向も対象である．感染者が現在増加中なのか，減少中であるかの科学的検証法についてはすでに第2章で述べた．さらに，開発中の新薬やワクチンの有効性および安全性の科学的評価についても随所で述べている．ただし，現時点では残念ながらデータが公開されていないので，解析するには至っていない．もっともCOVID-19の場合は第1〜5波までの推移は統計解析以前に見た目に明らかであり，むしろ大事なのは各波が収まっては再燃を繰り返したことに対する要因分析だろう．まず，時間遅れがあるために難しいことは分かるが，検査所では1ロットの感染者数と同時に検査数も記録しておくことが必要である．さらに，検査の動機付けや，年齢，検査方法など，ケースの共変量も記録しておくことが望ましい．さらに特徴の異なる推移を経験した国々の情報を共有することも重要である．たとえば，国による施策の違い，ワクチン接種率の違い，国民性などのデモグラフィックな要因，そして変異株への置き換わり情報は極めて貴重である．これだけの世界的関心事なのだから，正しいデータを収集し，世の中の知恵を結集して解析するためにそのデータを公開する方向に向かって欲しい．今，いくつかのワクチンの有効性が確認され認可に至っており，わが国でも接種が進んでいる．今後，許認可のために必要な臨床試験のプロセスを必ずしも完遂はしていないこれらのワクチンが，変化を遂げるCOVIDに対して有効性を保つこと，長期の，また弱者への安全性が確認されることを願うばかりである．併せて，後遺症の問題も深刻である．精密な情報収集と要因分析が望まれる．

最後に気楽な話題を一つ．本書執筆中に人生3度目のホールインワンが飛び出した．バンカーの下手な平凡なゴルファーが何で？と不思議がられ，自分でも不思議に思えたので統計的検証を試みた．ネットで検索したところ，ホールインワンの確率は8,000分の1程度と言う．年間40ラウンドを50年続ける，筆者よりかなり真面目なゴルファはどのくらい期待できるのだろうか．1ラウンドにショートホールは4個あるから，チャンスは8,000回である．そこで，成功率1/8000，試行数8,000の2項分布を仮定して，少なくとも1回成功する確率を計算すると0.63となって．実に6割以上の人が経験できることになる．ところで筆者の場合は，どう多く見積もっても生涯ラウンド数は1,000回よりはるかに少ない．仮に1,000回として1回以上の成功を勝ち取る確率を計算すると0.39となり，これも意外に大きい．2回以上経験する確率は0.09に減るが，それでも約10人に1人は経験できるはずである．それでは問題の3回以上はどうかというと，0.014が答えである．この値は流石に有意水準0.05で有意である．その理由付けは想像にお任せしよう．一般の場合に話を戻して，ホールインワンの生涯確率は巷に言われているよりかなり大きいのではないかというのがこの余談の結論である．

参考文献

Amrhein, V. et al. (2019). Scientists rise up against statistical significance. *Nature*, 567, 305-307.

Armitage, P. (1955). Tests for linear trend in proportions and frequencies. *Biometrics* 11, 375-386.

Barlow, R. E., Bartholomew, D. J., Bremner, J. M. andBrunk, H. D. (1972). *Statistical Inference under Order Restrictions.* John Wiley & Sons, New York.

Cochran, W. G. (1954). Some methods for strengthening the common chi-squared tests. *Biometrics* 10, 417-451.

Cox, D. R. and Snell, E. J. (1981). *Applied Statistics-Principles and Examples-.* Chapman & Hall/CRC, London.

Dunnett, C. W. and Gent, M. (1977). Significance testing to establish equivalence between treatments with special reference to data in the form of 2 x 2 tables. *Biometrics* 33, 593-602.

Fleiss, J. L., Levin, B., Paik, M. C. (2003). *Statistical methods for rates and proportions.* John Wiley & Sons, New York.

広津千尋 (1976). 分散分析. 教育出版, 東京.

広津千尋 (1982). 離散データ解析. 教育出版, 東京.

Hirotsu, C. (1982). Use of cumulative efficient scores for testing ordered alternatives in discrete models. *Biometrika* 69, 567-577.

Hirotsu, C. (1983). Defining the pattern of association in two-way contingency tables. *Biometrika* 70, 579-590.

広津千尋 (1986). 臨床試験における統計的諸問題 (1)—同等性検定を中心として—. 臨床評価 14, 467-475.

Hirotsu, C. (1991). An approach to comparing treatments based on repeated measures. *Biometrika* 75, 583-594.

広津千尋 (1992). 実験データの解析—分散分析を超えて—. 共立出版, 東京.

広津千尋 (2004). 医学・薬学データの統計解析—データの整理から交互作用多重比較まで—. 東大出版会, 東京.

Hirotsu, C. (2009). Clustering rows and/or columns of a two-way contingency table and a related distribution theory. *Comput. Statist. and data anal.* 53,

4508-4515.

Hirotsu, C. (2017). *Advanced Analysis of Variance.* Wiley Series in Probability and Statistics, New York.

広津千尋 (2018). 実例で学ぶデータ科学推論の基礎. 岩波書店, 東京.

広津千尋, 西原健自, 杉原正顕 (1997). 最大 t 法のための有意確率, 検出力, 例数設計計算アルゴリズム. 応用統計学 26, 1-16.

Hirotsu, C. and Marumo, K.. (2002). Changepoint analysis as a method for isotonic inference. *Scand. J. Statist.* 29, 125-138.

Hirotsu, C., Ohta, E., Hirose, N. and Shimizu, K.(2003). Profile analysis of 24-hours measurements of blood pressure. *Biometrics* 59, 907-915.

Hirotsu, C., Yamamoto, S. and Hothorn, L. (2011). Estimating the dose response pattern by the maximal contrast type test approach. *Biopharmaceutical Research* 3, 40-53.

Hirotsu, C. and Tsuruta, H. (2017). An algorithm for a new method of change-point analysis in the independent Poisson sequence. *Biometrical Letters* 54, 1-24

Holland, B. S. and Copenhaver, M. D. (1987). An improved sequentially rejective Bonferroni test procedure. *Biometrics* 43, 417-423.

Holm, S. A. (1976). A simple sequentially rejective multiple test procedure. *Scand. J. Statist.* 6, 65-70.

Johnson, D. E. and Graybill, F. A. (1972) An analysis of a two-way model with interaction and no replication. *J. Amer. Statist. Assoc.* 67, 862-868.

Kuriki, S. and Takemura, A. (2001). Tail prpbabilities of the maxima of multilinear forms and their applications. *Ann. Statist.* 29, 328-371.

Lewis, J. A. (1999). Statistical principles for clinical trials (ICH E9): an introductory note on an international guideline. *Statistics in Medicine* 18, 1903-1942.

Marcus, R., Peritz, E. and Gabriel, K. R. (1976). On closed testing procedures with special reference to ordered analysis of variance.*Biometrika* 63, 655-660.

増山元三郎 (1977). 生物学的個体差の準恒常性とその確率模型. 応用統計学 5, 95-114.

Miller, R. G. (1997). *Beyond ANOVA: Basics of Applied Statistics.* Chapman & Hall/CRC, New York.

森口繁一（編）(1989). 新編統計的方法. 日本規格協会, 東京.

Nishiyama, S., Okamoto, S., Ishibashi, Y. et al. (2001). Phase III study of MW-4679 (olopatadine hydrochloride) on chronic urticaria: a double blind study in comparison with Metifen fumarate. *J. Clinical Therapeutics and Medicines* 17, 237-264.

大泉耕太郎他 (1986). 細菌性肺炎に対する S6472, Cefaclor, Amoxillin の 2 重盲検法による臨床評価の比較. *Japanese J. Antibiotics* 39 (2), 853-886.

Ohkubo, T., Imai, Y. and Tsuji, I. et al. (1997). Relation between nocturnal decline in blood pressure and mortality. *Amer. J. Hypertension* 10, 1201-1207.

Shaffer, J. P. (1986). Modeified sequentially rejective multiple test procedures. *J. Amer. Statist. Assoc.* 81, 826-831.

Scheffé, H. (1959). *The Analysis of Variance.* Wiley Series in Probability and Statistics, New York.

竹内 啓 (1973a). 数理統計学の方法的基礎. 東洋経済新報社, 東京.

竹内 啓 (1973b). 田口玄一氏の累積法について. 品質管理 24, 987-993.

Wasserstein, R. L. and Lazar, N. A. (2016). The ASA's statement on p-values: context, process, and purpose. *The American Statistician* 70, 129-133.

Wasserstein, R. L., Schirm A. L. and Lazar, N. A. (2019). Moving to a world beyond "$p < 0.05$". *The American Statistician* 73, 1-19.

付表　max acc. $t1$ の上側棄却点 $T_\alpha(a, f)$

$\alpha = 0.01$

	a					
f	3	4	5	6	7	8
5	3.900	4.203	4.410	4.565	4688	4.789
10	3.115	3.309	3.440	3.538	3.614	3.677
15	2.908	3.075	3.188	3.271	3.336	3.390
20	2.813	2.968	3.072	3.149	3.209	3.258
25	2.758	2.907	3.006	3.079	3.137	3.183
30	2.723	2.867	2.963	3.034	3.090	3.135
40	2.680	2.818	2.911	2.979	3.033	3.076
60	2.638	2.771	2.861	2.926	2.977	3.019
120	2.597	2.726	2.811	2.874	2.923	2.963
∞	2.558	2.681	2.763	2.824	2.871	2.909

$\alpha = 0.025$

	a					
f	3	4	5	6	7	8
5	3.036	3.296	3.474	3.606	3.710	3.795
10	2.569	2.755	2.880	2.972	3.045	3.104
15	2.439	2.606	2.717	2.799	2.863	2.915
20	2.379	2.536	2.641	2.718	2.778	2.827
25	2.344	2.496	2.597	2.671	2.729	2.776
30	2.321	2.470	2.568	2.641	2.698	2.743
40	2.293	2.437	2.533	2.604	2.659	2.703
60	2.265	2.406	2.499	2.567	2.621	2.664
120	2.238	2.375	2.466	2.532	2.583	2.625
∞	2.212	2.345	2.433	2.497	2.547	2.587

$\alpha = 0.05$

	a					
f	3	4	5	6	7	8
5	2.440	2.676	2.834	2.952	3.045	3.121
10	2.151	2.333	2.454	2.544	2.613	2.670
15	2.067	2.234	2.345	2.427	2.491	2.542
20	2.027	2.188	2.294	2.372	2.432	2.482
25	2.004	2.161	2.264	2.340	2.399	2.447
30	1.989	2.143	2.245	2.319	2.377	2.423
40	1.970	2.121	2.221	2.293	2.350	2.395
60	1.952	2.100	2.197	2.268	2.323	2.368
120	1.934	2.079	2.174	2.243	2.297	2.340
∞	1.916	2.058	2.151	2.219	2.271	2.314

索　引

【ア行】

【カ行】

【サ行】

【タ行】

【ナ行】

【ハ行】

【マ行】

【ヤ行】

【ラ行】

【ワ行】

〈著者紹介〉

広津千尋（ひろつ ちひろ）

1968 年　東京大学大学院工学系研究科博士課程修了・工学博士
現　在　東京大学 名誉教授
専　門　統計的方法
主　著　『分散分析』（教育出版，1976）
『離散データ解析』（教育出版，1982）
"*Advanced Analysis of Variance*" (Wiley, 2017)
『実例で学ぶデータ科学推論の基礎』（岩波書店，2018）
『自然科学の統計学』（共著，東京大学出版会，1992）他

統計学 One Point 20

分散分析を超えて

—実データに挑む—

Beyond the Analysis of Variance:
Challenging to the Real Data

2022 年 2 月 15 日　初版 1 刷発行
2022 年 9 月 5 日　初版 2 刷発行

検印廃止
NDC 417

ISBN 978-4-320-11271-1

著　者　広津千尋　© 2022

発行者　南條光章

発行所　**共立出版株式会社**

〒112-0006
東京都文京区小日向 4-6-19
電話番号　03-3947-2511（代表）
振替口座　00110-2-57035
www.kyoritsu-pub.co.jp

印　刷　大日本法令印刷

製　本　協栄製本

一般社団法人
自然科学書協会
会員

Printed in Japan